Sitzungsberichte der Heidelberger Akademie der Wissenschaften

Mathematisch-naturwissenschaftliche Klasse

Die Jahrgänge bis 1921 einschließlich erschienen im Verlag von Carl Winter, Universitätsbuchhandlung in Heidelberg, die Jahrgänge 1922—1933 im Verlag Walter de Gruyter & Co. in Berlin, die Jahrgänge 1934—1944 bei der Weißschen Universitätsbuchhandlung in Heidelberg. 1945, 1946 und 1947 sind keine Sitzungsberichte erschienen.

Ab Jahrgang 1948 erscheinen die „Sitzungsberichte" im Springer-Verlag.

Inhalt des Jahrgangs 1950:

1. W. Troll und W. Rauh. Das Erstarkungswachstum krautiger Dikotylen, mit besonderer Berücksichtigung der primären Verdickungsvorgänge. DM 13.40.
2. A. Mittasch. Friedrich Nietzsches Naturbeflissenheit. DM 8.80.
3. W. Bothe. Theorie des Doppellinsen-β-Spektrometers. DM 1.90.
4. W. Graeub. Die semilinearen Abbildungen. DM 7.20.
5. H. Steinwedel. Zur Strahlungsrückwirkung in der klassischen Mesonentheorie. — Die klassische Mesondynamik als Fernwirkungstheorie. DM 1.80.
6. B. Haccius. Weitere Untersuchungen zum Verständnis der zerstreuten Blattstellungen bei den Dikotylen. DM 6.20.
7. Y. Reenpää. Die Dualität des Verstandes. DM 6.80.
8. Petersson. Konstruktion der Modulformen und der zu gewissen Grenzkreisgruppen gehörigen automorphen Formen von positiver reeller Dimension und die vollständige Bestimmung ihrer Fourierkoeffizienten. DM 9.80.

Inhalt des Jahrgangs 1951:

1. A. Mittasch. Wilhelm Ostwalds Auslösungslehre. DM 11.20.
2. F. G. Houtermans. Über ein neues Verfahren zur Durchführung chemischer Altersbestimmungen nach der Blei-Methode. DM 1.80.
3. W. Rauh und H. Reznik. Histogenetische Untersuchungen an Blüten- und Infloreszenzachsen sowie der Blütenachsen einiger Rosoideen, I. Teil. DM 10.—.
4. G. Buchloh. Symmetrie und Verzweigung der Lebermoose. Ein Beitrag zur Kenntnis ihrer Wuchsformen. DM 10.—.
5. L. Koester und H. Maier-Leibnitz. Genaue Zählung von β-Strahlen mit Proportionalzählrohren. DM 2.25.
6. L. Heffter. Zur Begründung der Funktionentheorie. DM 2.30.
7. W. Bothe. Die Streuung von Elektronen in schrägen Folien. DM 2.40.

Inhalt des Jahrgangs 1952:

1. W. Rauh. Vegetationsstudien im Hohen Atlas und dessen Vorland. DM 17.80.
2. E. Rodenwaldt. Pest in Venedig 1575—1577. Ein Beitrag zur Frage der Infektkette bei den Pestepidemien West-Europas. DM 28.—.
3. E. Nickel. Die petrogenetische Stellung der Tromm zwischen Bergsträßer und Böllsteiner Odenwald. DM 20.40.

Sitzungsberichte
der Heidelberger Akademie der Wissenschaften
Mathematisch-naturwissenschaftliche Klasse
Jahrgang 1968, 3. Abhandlung

Genaue Potentialbestimmung aus Streumessungen: Alkali-Edelgas-Systeme

Von

R. Düren, G.-P. Raabe und Ch. Schlier

Physikalisches Institut der Universität Freiburg i. Br.

(Vorgelegt in der Sitzung vom 15. Juni 1968)

Heidelberg 1968
Springer-Verlag

ISBN-13: 978-3-540-04334-8   e-ISBN-13: 978-3-642-48212-0
DOI: 10.1007/978-3-642-48212-0

Alle Rechte vorbehalten.

Kein Teil dieses Buches darf ohne schriftliche Genehmigung des Springer-Verlages übersetzt oder in irgendeiner Form vervielfältigt werden.

© by Springer-Verlag, Berlin · Heidelberg · New York 1968

Die Wiedergabe von Gebrauchsnamen, Handelsnamen, Warenbezeichnungen usw. in dieser Abhandlung berechtigt auch ohne besondere Kennzeichnung nicht zu der Annahme, daß solche Namen im Sinne der Warenzeichen- und Markenschutz-Gesetzgebung als frei zu betrachten wären und daher von jedermann benutzt werden dürften.

Titel-Nr. 3713

Inhaltsverzeichnis

1. Einleitung 5
   1.1. Vorbemerkungen 6
   1.2. Widersprüche bei bisherigen Potentialmodellen 9
2. Die Abhängigkeit der Meßgrößen von der Form des Potentials . . . 10
   2.1. Potentialfunktion 10
   2.2. Die Modifikation im Minimum 12
      2.2.1. Die Phasenfunktion 12
      2.2.2. Der totale Streuquerschnitt 12
      2.2.3. Der differentielle Streuquerschnitt 17
   2.3. Die Modifikation des Potentials außerhalb des Minimums . . 21
      2.3.1. Die Phasenfunktion 21
      2.3.2. Der totale Streuquerschnitt 21
      2.3.3. Der differentielle Streuquerschnitt 22
3. Das χ^2-Minimum-Verfahren 23
   3.1. Beschreibung des Verfahrens 23
   3.2. Anwendung des Verfahrens 25
   3.3. Fehlerrechnung 27
4. Ergebnisse 29
5. Diskussion 33
   5.1. Diskussion der Methode 33
   5.2. Diskussion der Ergebnisse 35
   5.3. Diskussion der Potentialform 38
   5.4. Korrespondierende Zustände, Virialkoeffizienten 40
6. Danksagungen 42
Anhang 42

Genaue Potentialbestimmungen aus Streumessungen: Alkali-Edelgas-Systeme

R. Düren, G.-P. Raabe und Ch. Schlier

Physikalisches Institut der Universität Freiburg i. Br.

Mit 12 Abbildungen

Recent improvements in precision and the increase in number of molecular beam scattering experiments demand a reanalysis of the experimental data. The commonly used potential functions show a serious lack of flexibility, and fitting procedures are not unambigious.

A new potential ansatz (which is a continuous modification of the (12—6)-potential) has been used to fit all available data on the alkali-rare gas systems Li-Kr, Na-Ar, Na-Kr, Na-Xe, K-Ar, and K-Kr. A χ^2-minimum method is used as the procedure to fit the data and to estimate the errors of the parameters obtained (see Table 2).

It turns out, that the form of the potential is similar for all systems but probably different from that derived for rare gas-rare gas systems.

1. Einleitung

Mit wachsender Anzahl und Präzision atomarer Streuexperimente im Bereich thermischer Energien hat sich immer deutlicher gezeigt, daß die traditionellen Potentialmodelle nicht ausreichen, um die Experimente widerspruchsfrei zu beschreiben. Es ist daher notwendig, neue Potentialansätze zu finden. Ihren Wert wird man danach bemessen, ob sie mit relativ wenigen Parametern eine übersichtliche Beschreibung der Meßdaten erlauben.

Gleichzeitig ist es dann aber auch nötig, das Auswerteverfahren der veränderten Situation anzupassen, insbesondere die Güte der Anpassung eines Modells an die Meßdaten objektiv zu definieren.

Das Ziel dieser Arbeit ist es, zu beiden Problemen einen Beitrag zu liefern[1]. Gleichzeitig kann die gewonnene Erfahrung dazu dienen, Aussagen darüber zu machen, in welchem Abstandsbereich überhaupt das Potential als „gemessen" betrachtet werden kann.

Nach einigen Vorbemerkungen zur „Philosophie" des hier vorgeschlagenen Verfahrens und einigen Definitionen in Teil 1 wird

---

[1] Einige Ergebnisse wurden bereits publiziert: Düren, R., and Ch. Schlier: J. Chem. Phys. **46**, 4535 L (1967).

im 2. Teil der Arbeit das neue Potential (2.1) vorgestellt und die Auswirkung bestimmter Variationen seiner Parameter auf die meßbaren Größen untersucht. Teil 3 beschreibt ein objektives Verfahren zur Anpassung des Potentialmodells an verschiedenartige Meßwerte, während Teil 4 die vorhandenen Messungen an den Systemen Li-Kr, Na-Ar, Na-Kr, Na-Xe und K-Ar, K-Kr auswertet. Im letzten Teil wird schließlich das Verfahren nochmals kritisch diskutiert.

1.1. Vorbemerkungen

Bei den hier betrachteten Streuexperimenten kann man davon ausgehen, daß eine direkte Inversion unmöglich ist. Unter Inversion verstehen wir dabei ein Verfahren, das den Wert des Potentials $V(r)$ direkt aus den gemessenen Querschnitten liefert. Ein solches Verfahren wird also auch keinen parametrisierten Potentialansatz benutzen. Eine Auswertung dieser Art wurde z.B. von EVERHART[2] nach dem Firsov-Verfahren[3] durchgeführt.

Ein solches Verfahren ist im übrigen nur dann zu erstreben, wenn es gegenüber den jetzigen Verfahren Rechenzeit einspart. Die Erfahrung läßt vermuten, daß dies unwahrscheinlich ist, haben doch z.B. SMITH et al.[4] zwar das Firsov-Verfahren zu systematischen Reihenentwicklungen („impact expansions") ausgebaut, in einer Auswertung[5] dann aber wieder einen parametrisierten Potentialansatz benutzt.

Vor der weiteren Diskussion der Alternativen für solche Anpassungen wollen wir einige Verabredungen treffen. Ein Potentialansatz enthält zwei Arten von Parametern: *Größen*parameter und *Form*parameter. Erstere sind dimensionsbehaftet, und man wählt üblicherweise dafür die Größen ε (Potentialtopftiefe) und r_m (Abstand der Kerne im Minimum des Potentials). In die Rechnung gehen die Größenparameter zweckmäßigerweise in dimensionsloser Form ein, indem man weitere Bestimmungsgrößen des Experiments zu deren Definition benutzt. Wir nehmen (wie üblich) $D = 2\varepsilon r_m/\hbar g$ und $B = 2\mu \varepsilon r_m^2/\hbar^2$, daneben benutzen wir $A = B/D$,

---

[2] LANE, G. H., and E. EVERHART: Phys. Rev. **120**, 2064 (1960): Es handelt sich um Streuung im Bereich 10—100 keV.
[3] FIRSOV, O. B.: JETP (U.S.S.R.) **24**, 279 (1953).
[4] SMITH, F. T., R. P. MARCHI, and K. G. DEDRICK: Phys. Rev. **150**, 79 (1966).
[5] SMITH, F. T., R. P. MARCHI, W. ABERTH, D. C. LORENTS, and O. HEINZ: Phys. Rev. **161**, 31 (1967).

$K = B/D^2$. (g ist die Relativgeschwindigkeit, μ die reduzierte Masse der Streupartner.)*

Alle anderen Parameter des Potentials sind von vorneherein dimensionslos anzusetzen, sie heißen Formparameter. In den meisten bisherigen Rechnungen wurde nur ein solcher Parameter benutzt: n im Lennard-Jones $(n-6)$-Potential, α im Buckingham (exp $\alpha - 6$)-Potential, α' im Kihara-Potential[6].

Bei den Meßdaten ist es zweckmäßig, nicht jeden Meßpunkt einzeln in der Auswertung zu verwenden**, sondern aus den Meßkurven „*charakteristische Meßgrößen*" zu entnehmen, die bestimmten Strukturelementen der Meßkurven entsprechen. Wir wählen die folgenden:

1. Absolutwert des totalen Streuquerschnitts Q (bei vorgegebenem g). Hier ist eine absolute Druckmessung notwendig, in allen übrigen Fällen nicht.

2. Relativwerte des totalen Streuquerschnitts als Funktion der Geschwindigkeit*** $Q(v)$, insbesondere

   a) Lage der Undulations-Extrema,

   b) Amplitude derselben,

   c) Schräglage des Verlaufs von $Q(v)$, gemittelt über die Undulationen und bezogen auf den Wert bei reinem r^{-6}-Potential.

3. Differentieller Streuquerschnitt $\sigma(\vartheta)$ (bei verschiedenen Energien E), insbesondere

   a) Lage der Regenbogen-Extrema,

   b) Abstand der schnellen Oszillationen in $\sigma(\vartheta)$.

Hinzuzuzählen wäre auch noch:

   c) Amplituden der Regenbogen-Extrema und schnellen Oszillationen,

   d) Interferenzstruktur bei kleinen Winkeln,

   e) mittlerer Verlauf bei kleinen Winkeln,

   f) Rückwärtsstreuquerschnitt σ (180° cms).

---

* Der B-Bereich, in dem unsere Betrachtungen gelten, ist etwa $200 \leq B < 10000$ bei nicht zu kleinem K.

** Vgl. auch Abschnitt 5.1.

*** Wir benutzen eine Darstellung, bei der v die Primärstrahlgeschwindigkeit ist. Vgl. 3.4.

[6] Hier nicht erklärte Begriffe suche man z.B. in: TOENNIES, J. P., and H. PAULY: Advances At. Mol. Phys. 1, 195 (1965).

Die letzteren Daten sind für die hier behandelten Systeme jedoch nicht zur Auswertung zu gebrauchen: 3 c) wegen der Winkel- und Energieverschmierung, die nicht genau bekannt ist, 3 e) wegen der zu großen Fehler[7]; oder aber nicht vorhanden: 3 d), 3 f). Eine Messung der Rückwärtsstreuung würde jedoch wichtige Daten für den repulsiven Anteil des Potentials liefern und wäre daher sehr erwünscht.

Die Aufgabe des Anpassungsverfahrens ist es damit, aus dem Vergleich von experimentellen charakteristischen Meßgrößen $M_{i\,\text{exp}}$ mit theoretisch aus dem Potentialansatz berechneten und von den Parametern Θ_K abhängigen $M_{i\,\text{th}}(\Theta_K)$ die besten Θ_K zu bestimmen. Das geschieht hier in objektiver Weise nach einer Methode der kleinsten Quadrate, wobei die Beiträge der $M_{i\,\text{exp}}$ mit ihren Meßfehlern ΔM_i gewichtet werden. Wir bestimmen also das Potential so, daß

$$\chi^2 = \sum_i (M_{i\,\text{exp}} - M_{i\,\text{th}})^2 / \Delta M_i^2 = \text{Min}$$

und bezeichnen dies auch als χ^2-Minimum-Verfahren, eine Bezeichnung, die wir deshalb vorziehen, weil wir die Kenntnis der Verteilung von χ^2 zur Fehlerrechnung für die Θ_K benutzen.

Ideal wäre es nun, solche Θ_K zu finden, daß die Funktionen $M_i(\Theta_K)$ sich in einfachen Formeln darstellen ließen, wobei noch möglichst wenige Θ_K in den Ausdrücken für ein bestimmtes M_i vorkommen sollten. In Wirklichkeit gibt es solche Formeln nicht, und wir können höchstens *Korrelationen* zwischen bestimmten M_i und Θ_K finden, die gut genug sind, um bei der Auswertung als Wegweiser zu dienen. Die Brauchbarkeit eines vielparametrigen Potentialansatzes wird sich zum Teil danach richten, inwieweit einfache Korrelationen im obigen Sinn existieren.

Eine Alternative wäre das Aufsuchen von Korrelationen zwischen den Meßgrößen M_i und dem Wert $V(r)$ *des Potentials selbst* in bestimmten Abstandsbereichen $r_{a\,i} \leq r \leq r_{b\,i}$. Wir hatten ursprünglich daran gedacht, solche zu finden, indem wir die Abänderung δM_i als Funktion einer definierten Variation $\delta V(r; r_{a\,i}, r_{b\,i})$ berechneten. Dies wurde wegen des Rechenaufwandes unterlassen.

Prinzipiell wäre es sicher möglich, auf die Bestimmung der genannten Korrelationen zu verzichten und das χ^2-Minimum-Ver-

---

[7] HELBING, R., u. H. PAULY: Z. Phys. **179**, 16 (1964) messen für K-Ar und K-Xe bei kleinen Winkeln, können aber die Interferenzen nicht auflösen. Der angegebene Fehler für Q zeigt, daß die Berücksichtigung der Messung keine Verbesserung brächte.

fahren so zu programmieren, daß der Bearbeiter überhaupt nicht eingreifen und daher auch die Auswirkungen von Potentialabänderungen nicht verstehen müßte. Wir glauben nicht, daß das im vorliegenden Fall sinnvoll ist, obwohl es in einem wesentlich einfacheren Fall gelungen ist[8]. Die Gründe sind a) der Programmieraufwand, b) der Rechenzeitaufwand und c) die Tatsache, daß nur ein Verständnis der Zusammenhänge dazu führen kann, „natürliche" Parameterdarstellungen des Potentials zu finden, in denen die Meßwerte mit einzelnen Potentialparametern hoch korreliert sind.

1.2. Widersprüche bei bisherigen Potentialmodellen

Fast alle bisher veröffentlichten Auswertungen von Streumessungen des hier behandelten Typs benutzen die dreiparametrigen Potentiale vom Lennard-Jones-, Buckingham- oder Kihara-Typ[9]. Sie benutzen ferner im allgemeinen nur einen Typ von charakteristischen Meßdaten*. Die so gewonnenen Aussagen sind in allen kontrollierbaren Fällen im Widerspruch zu anderen Meßdaten.

Der totale relative Querschnitt $Q(v)$ ist z.B. der *Lage* der Extrema nach mit vielen $(n-6)$ und $(\exp \alpha - 6)$-Potentialen in Einklang zu bringen, so daß der dritte Parameter gar nicht bestimmbar ist, nimmt man jedoch die *Amplituden* der Undulationen hinzu, so ergibt sich immer ein Widerspruch[13–15].

Diesen kann man durch Benutzung des Kihara-Potentials mit $\alpha > 0$ beseitigen[16], das so bestimmte Potential steht aber in Wider-

---

* Eine Ausnahme bilden die Arbeiten [18] u. [19]. Während der Niederschrift erhielten wir einen Vorabdruck von [10] mit ähnlichen Zielsetzungen wie die vorliegende Arbeit. Dasselbe gilt für [11] u. [12].

[8] OLSON, R. E., and C. R. MUELLER: J. Chem. Phys. **46**, 3810 (1967) und die dort zitierten früheren Arbeiten. Das Programm berücksichtigt nur Messungen von $\sigma(\vartheta)$ bei einer festen Energie.

[9] Eine Übersicht bis Oktober 1966 geben: BERNSTEIN, R. B., and J. T. MUCKERMAN: Advances in Chem. Phys., vol. 12 (Intermolecular Forces, Hrsg.: J. O. HIRSCHFELDER), S. 389—486. New York: John Wiley & Sons 1967.

[10] BUCK, U., u. H. PAULY: Z. Phys. **208**, 390 (1968).

[11] KRÄMER, R.: Diplomarbeit, Freiburg 1967.

[12] BECK, D., u. R. KRÄMER: Wird veröffentlicht.

[13] ROTHE, E. W., P. K. ROL, and R. B. BERNSTEIN: Phys. Rev. **130**, 2333 (1963).

[14] BUSCH, FR. v., H. J. STRUNCK, and CH. SCHLIER: Phys. Letters **16**, 268 (1965). — BUSCH, FR. v.: Diss. Bonn 1965.

[15] BECK, D., u. H. J. LOESCH: Z. Physik **195**, 444 (1966).

[16] DÜREN, R., u. H. PAULY: Z. Physik **177**, 146 (1964).

spruch zur Messung des absoluten Querschnitts, auch wenn man alle Meßfehler berücksichtigt[14].

Bei der Auswertung der Messungen differentieller Querschnitte führt die Auswertung des 1. *Regenbogens* allein zu keiner Entscheidung über einen dritten Parameter[17], bei der Hinzunahme der schnellen Oszillationen wird z.B. aus der $(n-6)$-Familie der Wert $n=8$ bevorzugt[18,19]. Es zeigt sich aber am Beispiel von K-Ar, daß die mit den so gewonnenen Parametern berechneten totalen Querschnitte $Q(v)$ den Experimenten[14,15] in zwei Dingen widersprechen: Einmal wird die Amplitude der Undulationen (insbesondere das Maximum bei hoher Geschwindigkeit) nicht richtig wiedergegeben. Zum zweiten kann die Schräglage des mittleren Querschnitts nicht reproduziert werden. Die logarithmische Steigung $d \ln Q / d \ln v$ wird nämlich experimentell zu $<0,4$ gemessen, während ein $(8-6)$-Potential einen Wert $>0,4$ liefert.

Alle genannten Widersprüche lassen sich mit dem im folgenden benutzten Potential im Rahmen der Meßgenauigkeit aufheben.

2. Die Abhängigkeit der Meßgrößen von der Form des Potentials

2.1. Potentialfunktion

Die in dieser Arbeit benutzte Potentialfunktion ist durch den Ausdruck

$$V^*(x) = \frac{V(x)}{\varepsilon} = f(x) - (f(x)+1)\left(\Gamma_0 e^{-\left(\frac{x-1}{\gamma_0}\right)^2} + \Gamma_1 e^{-\left(\frac{x-x_1}{\gamma_1}\right)^2}\right) \quad (2.1)$$

gegeben. Dabei ist $x = r/r_m$ und

$$f(x) = x^{-12} - 2x^{-6}.$$

Diese Darstellung geht also aus dem $(12-6)$-Potential $f(x)$ hervor, indem diesem im Minimum $(x=1)$ und an einer frei wählbaren Stelle $x=x_1$ eine Störung von der Form einer Gaußfunktion überlagert wird. Der Faktor $(f(x)+1)$ vor der Störfunktion bewirkt, daß $V^*(x)$ die Normierungsbedingungen $V^*(1) = -1$ und $(dV^*/dx)_{x=1} = 0$ für beliebige Werte von $\Gamma_0, \gamma_0, \Gamma_1, \gamma_1$ und x_1 erfüllt. Manche Rechnungen sind der Einfachheit halber mit der

---

[17] BECK, D., H. DUMMEL u. U. HENKEL: Z. Physik **185**, 19 (1965).
[18] HUNDHAUSEN, E., u. H. PAULY: Z. Physik **187**, 305 (1965).
[19] BARWIG, P., U. BUCK, E. HUNDHAUSEN u. H. PAULY: Z. Physik **196**, 343 (1966).

„einfach modifizierten" Funktion

$$V^*(x) = f(x) - (f(x) + 1)\, \Gamma_0\, e^{-\left(\frac{x-1}{\gamma_0}\right)^2} \tag{2.2}$$

durchgeführt worden, die schon in der Arbeit[1] vorgestellt wurde*.

Wir haben die Formen (2.1) und (2.2) einem früher benutzten 3-Potenzen-Potential[20] aus mehreren Gründen vorgezogen. Zunächst kann die Potentialfunktion *stetig* verändert werden. Bei den Potentialen, die Potenzen von $1/x$ verwenden, hat man bei Beschränkung auf ganzzahlige Exponenten diesen Vorteil nicht. Ein weiterer Vorteil ist davon zu erwarten, daß durch Wahl kleiner Werte von γ die Störungen des Ausgangspotentials auf schmale Bereiche beschränkt werden können. Dadurch hat man die Möglichkeit, Meßgrößen, die stark mit der Form des Potentials in bestimmten Bereichen korreliert sind, weitgehend durch individuelle Veränderungen des Potentials zu reproduzieren.

Speziell ist das *asymptotische* Verhalten des Potentials (2.1) für $r \to \infty$ gegenüber dem des (12—6)-Potentials nach Betrag und funktionaler Abhängigkeit unverändert. Durch diese Eigenschaft wird der Vergleich absoluter Querschnitte erleichtert, weil für alle sinnvollen Werte der Parameter die experimentelle van der Waals-Konstante $C_{\exp}$ mit brauchbarer Genauigkeit mit $C_{\text{th}} = 2\,\varepsilon\, r_m^6$ verglichen werden kann.

Zur raschen Auffindung einer Ausgangsnäherung für den besten Parametersatz haben wir in einer Reihe von Testrechnungen die Eigenschaften des Potentials (2.1) untersucht. Zur übersichtlichen Darstellung trennen wir die Ergebnisse in zwei Gruppen. Zunächst betrachten wir die Änderung der Meßgrößen bei einer Variation des Potentials allein im Minimum [„erste" Modifikation (2.2)], davon unabhängig anschließend den Einfluß einer Störung an einer Stelle $x = x_1 > 1$. Diese Aufteilung wird an verschiedenen Punkten etwas willkürlich erscheinen. Es zeigten aber die Anwendungen, daß die erste Modifikation den größten Teil der Differenzen zwischen Theorie und Experiment beseitigt, während die zweite Modifikation eine weitere Verfeinerung darstellt. Bei einer Anwendung wird man daher auch die Aussagen über die erste Modifikation zunächst benötigen, um die Parameter in erster Näherung zu bestimmen und dann erst die zweite Modifikation hinzunehmen.

---

* Die Bezeichnung der Parameter ist gegenüber der Arbeit[1] so abgeändert, daß $C \to \Gamma_0$ und $\beta \to \gamma_0$.

[20] DÜREN, R., and CH. SCHLIER: Discussions Faraday Soc. **40**, 56 (1965).

2.2. Die Modifikation im Minimum

Bei der Betrachtung der Modifikation im Minimum werden wir im folgenden zunächst die Einflüsse auf die Phasenfunktion und dann auf den totalen und den differentiellen Streuquerschnitt betrachten. Als Ziel ist dabei an Funktionen gedacht, welche die charakteristischen Meßgrößen mit den Potentialparametern korrelieren.

2.2.1. Die Phasenfunktion.
Der allgemeine Verlauf der Phase als Funktion von Drehimpuls $\eta(l)$ oder reduziertem Stoßparameter $\eta(\beta)$ ist bekannt. Ausgehend von großem negativem $\eta(0)$ folgt ein Gebiet rasch zunehmender Phase. Es folgt das Gebiet stationärer Phase, in dem die Maximalphase liegt. Daran schließt sich im allgemeinen ein weiteres Gebiet rasch veränderlicher Phasen an, schließlich gehen mit $l \to \infty$ die Streuphasen monoton gegen Null. Bei den Betrachtungen zur Aufstellung von Korrelationen können wir uns mit genügender Genauigkeit an der Jeffreys-Born- (JB)- Näherung orientieren. In dieser wird der Umkehrpunkt der Bahnbewegung mit dem Stoßparameter identifiziert, und der Ausdruck für die Phasenfunktion lautet

$$\eta(\beta) = -\frac{D}{2} \int_{\beta}^{\infty} \frac{V^*(x)\,dx}{\sqrt{1-\beta^2/x^2}} \qquad (2.3)$$

d.h. jeder Stoß mit Stoßparameter β enthält in integrierter Form Information über den Potentialbereich von β bis ∞.

In dieser Näherung wachsen die Phasen bei einer Vergrößerung des Potential„volumens" für festes β und feste Energie E an, vorausgesetzt, daß die Potentialmodifikation in Gebieten $x > \beta$ überhaupt wirksam ist. Die Vergrößerung der Phase ist dabei proportional einem gewichteten Integral über die Abweichung vom ungestörten Potential, d.h.:

$$\Delta\eta = -\frac{D}{2} \int_{\beta}^{\infty} \frac{\Delta V^*(x)\,dx}{\sqrt{1-\beta^2/x^2}} \qquad (2.4)$$

und ungefähr proportional dem Zuwachs am Potential„volumen"

$$\Delta\eta \sim D \int_{\beta}^{\infty} \Delta V^* \, dx. \qquad (2.4\,\mathrm{a})$$

2.2.2. Der totale Streuquerschnitt.
Die Folgen dieses Verhaltens für den totalen Streuquerschnitt seien nun kurz skizziert und an

einem Beispiel, das für die vorliegenden Fälle repräsentativ ist, vorgeführt.

Zunächst betrachten wir die *Lage der Extrema* im totalen Streuquerschnitt. Die Bedingung für das Auftreten eines Extremums ist dadurch gegeben, daß der Wert der Maximalphase $(N-3/8)\pi$ ist, wo N positiv ganz- oder halbzahlig ist[21]. Es gilt also

$$(N-3/8)\pi = \eta^0(D_N^0) = \eta(D_N). \tag{2.5}$$

Da die Maximalphase stets durch $\beta \approx 1$ gegeben ist, kann man $(D_N^0 - D_N)/D_N^0$ durch Einsetzen von (2.3) in (2.5) mit gleichem β ausrechnen. Für kleine Abänderungen erhält man dann

$$(D_N^0 - D_N)/D_N^0 \approx \text{const.} \cdot \int_\beta^\infty \Delta V^* dx \tag{2.6}$$

oder

$$D_N = D_N^0(1 - \alpha_N \Gamma_0 \gamma_0). \tag{2.7}$$

Die numerische Rechnung zeigt, daß die α_N nahezu unabhängig von B und N etwa gleich 0,7 sind, und daß die lineare Beziehung (2.7) gut erfüllt ist. Abb. 1 zeigt die Korrelation von D_N mit $\Gamma_0 \gamma_0$ für ein Beispiel.

Diese Relation zwischen der Verschiebung der D_N bei einer Potentialmodifikation und dem *Produkt* $\Gamma_0 \gamma_0$ steht in teilweisem Gegensatz zu der von BERNSTEIN gefundenen Korrelation dieser Verschiebung mit der *Krümmung* des Potentials im Minimum[22]. Diese ist nämlich bei dem hier verwandten Potential allein von Γ_0 abhängig. Die in [22] angegebenen Korrelationen sind andererseits numerisch gut erfüllt. Der Widerspruch klärt sich dadurch, daß die dort verwandten Potentiale sehr ähnlich sind, und daß daher die Kopplung zwischen der Krümmung im Minimum und dem Gesamtpotential so eng ist, daß die Breite der Störung von der Krümmung mitbeschrieben wird.

Für die nun folgende Untersuchung des Einflusses der Potentialmodifikation im Minimum auf den *Betrag des totalen Streuquerschnitts* gehen wir zu der reduzierten Größe $Q^* = Q/\pi r_m^2$ über. Diesen Querschnitt teilen wir in bekannter Weise[21,23] in zwei Anteile auf

$$Q^* = Q_R^* + \Delta Q^*. \tag{2.8}$$

---

[21] BERNSTEIN, R. B.: J. Chem. Phys. **38**, 2599 (1963).
[22] BERNSTEIN, R. B., and T. J. P. O'BRIEN: Discussions Faraday Soc. **40**, 35 (1955), vgl. auch [10].
[23] DÜREN, R., u. H. PAULY: Z. Physik **175**, 227 (1963).

Dabei ist Q_R^* der überwiegende Anteil, der von den weitreichenden Anziehungskräften bestimmt wird und ΔQ^* die für das Zusammenwirken von Abstoßungs- und Anziehungskräften charakteristische Abweichung der Energieabhängigkeit von Q^* vom monotonen Verhalten.

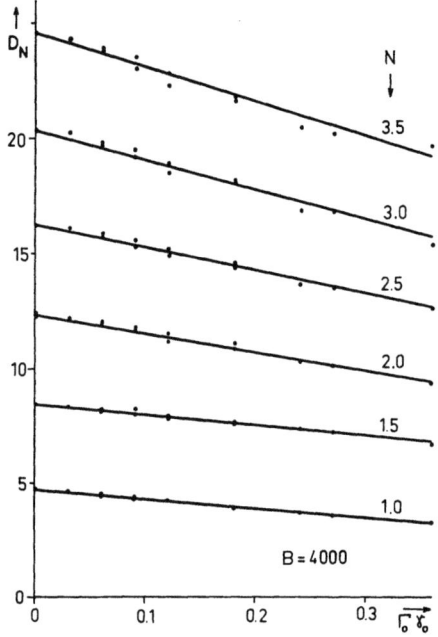

Abb. 1. Verschiebung der Extrema des totalen Streuquerschnitts als Funktion der Parameter Γ_0, γ_0. Die Abbildung enthält Punkte aus $0 \leq \Gamma_0 \leq 0{,}9$ und $0 \leq \gamma_0 \leq 0{,}4$

Der *mittlere Querschnitt* Q_R^* kann in einer „random phase"-Näherung berechnet werden, wie sie von MASSEY und MOHR[24] eingeführt worden ist. Bezeichnet β^* denjenigen Wert des Stoßparameters, bei dem die Phasenfunktion den Wert $\frac{1}{2}$ annimmt

$$\eta(\beta^*) = \tfrac{1}{2} \qquad (2.9)$$

und β_0^* die entsprechende Stelle für das Bezugspotential, die sich aus der JB-Näherung der Phasenfunktion zu

$$\beta_0^* = (3\pi/8) D^{\frac{1}{5}} \qquad (2.10)$$

ergibt, so kann der Einfluß einer Potentialmodifikation auf den Wert von β^* und den mittleren Querschnitt Q_R^* folgendermaßen

---

[24] MASSEY, H. S. W., and C. B. O. MOHR: Proc. Roy. Soc. (London) A **144**, 188 (1934).

als Funktion der Potentialparameter Γ_0 und γ_0 dargestellt werden:

$$(\beta^*/\beta_0^*) = (1+\delta)^{\frac{1}{5}}, \qquad (2.11)$$

$$(Q_R^*/Q_{0R}^*) = (1+\delta)^{\frac{2}{5}} \qquad (2.12)$$

mit

$$\delta = 2{,}5\ \Gamma_0 \gamma_0 \frac{\sqrt{\pi}}{2}\left(1 - \mathrm{erf}\,(t_0^*)\right)\beta_0^{*\,5}, \qquad (2.13)$$

$$t_0^* = (\beta_0^* - 1)/\gamma_0, \qquad (2.14)$$

$$Q_{0R}^* = Q_S^* = 2{,}5728\, D^{\frac{2}{5}}. \qquad (2.15)$$

Die Funktion erf (t) ist in Tafelwerken[25] tabelliert, so daß mit den Ausdrücken (2.10) bis (2.15) für gegebene Potentialparameter die Abweichung des mittleren Querschnitts vom Schiffschen Querschnitt Q_S leicht berechnet werden kann.

Die Herleitung dieser Relation soll im folgenden kurz skizziert werden. Sie ist insofern von allgemeinem Interesse, als sie sich leicht auf andere Potentialmodifikationen übertragen läßt.

Nach MASSEY und MOHR läßt sich Q_R^* mit der Definition (2.9) schreiben als

$$Q_R^* = 2\beta^{*\,2} + 8 \int_{\beta^*}^{\infty} \eta^2(\beta)\, \beta\, d\beta. \qquad (2.16)$$

Dieses läßt sich für ein reines $2/x^6$-Potential, und damit für den Mittelwert des Querschnitts beim (12—6)-Potential mit der Phasenfunktion

$$\eta = (3\pi/16)\, D\, \beta^{-5} \qquad (2.17)$$

und der hieraus folgenden Definition (2.10) anschreiben zu

$$Q_{0R}^* = 2{,}25\, \beta_0^{*\,2}. \qquad (2.18)$$

Nehmen wir für den Augenblick an, daß sich das modifizierte Potential im anziehenden Teil vom Bezugspotential nur durch eine Proportionalitätskonstante unterscheide, und beschreiben diese Modifikation durch ein Potential V_{app}:

$$V_{\mathrm{app}} = -(1+\delta) \cdot 2/x^6. \qquad (2.19)$$

Dann können wir mit der entsprechend modifizierten Phasenfunktion die Integration von (2.16) ausführen und gelangen zu (2.12) und (2.13) mit zunächst unbekanntem β^*.

Die Berechtigung dieser Ersetzung stützt sich auf folgende Umstände: Zunächst einmal liefert das Integral in (2.16) in jedem Fall nur etwa 10% des gesamten Querschnittes[26], und dieser Anteil hängt nur schwach vom Exponenten ab. Sodann unterscheidet sich im interessierenden Bereich das asymptotische Verhalten von (2.2) ohnehin nur wenig vom $-2/x^6$-Potential:

$$V_{\mathrm{as}} = -2/x^6 - \Gamma_0 \exp\left(-\left(\frac{x-1}{\gamma^0}\right)^2\right). \qquad (2.20)$$

Insgesamt muß man nur mit einem Fehler von etwa 1% rechnen.

[25] z. B. Handbook of Mathematical Functions, National Bureau of Standards, AHS 55 (1965).

Es muß also in der Hauptsache β^* richtig bestimmt werden. Dies wird erreicht, wenn wir verlangen, daß die Phasenfunktion zum gestörten Potential V_{as} und zum Näherungspotential V_{app} an der Stelle β_0^* übereinstimmen. In der Näherung (2.4a) muß daher gelten:

$$2\delta \int_{\beta_0^*}^{\infty} x^{-6} dx = \Gamma_0 \int_{\beta_0^*}^{\infty} \exp-\left(\frac{x-1}{\gamma_0}\right) dx. \quad (2.21)$$

Die Auswertung dieser Gleichung führt dann auf Gl. (2.13) und (2.14). In (2.15) ist schließlich berücksichtigt, daß das Mohr-Massey-Verfahren eine systematische Abweichung zeigt[26]. Da sie sich auf beide Potentiale gleichzeitig auswirkt, kann sie durch Benutzung des richtigen Faktors in (2.15) unschädlich gemacht werden.

Ein Beispiel für mittlere Querschnitte, die nach dieser Näherung berechnet wurden, gibt Abb. 2. Es zeigt sich, daß die Energie-

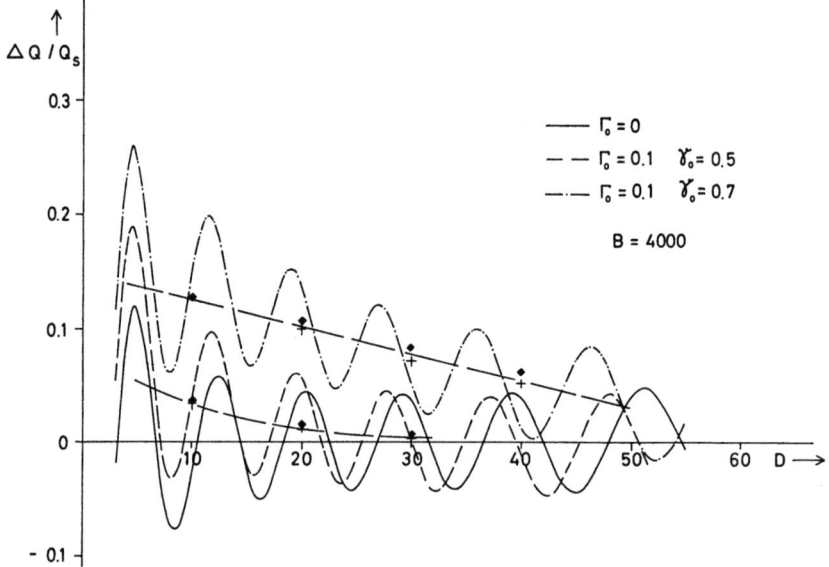

Abb. 2. Relativer totaler Streuquerschnitt als Funktion von D. ♦ Näherungswerte für den mittleren Querschnitt bei numerisch ermittelten β^*-Werten. + Näherungswerte für den mittleren Querschnitt in geschlossener Darstellung [Gl. (2.12)]

abhängigkeit ohne großen Aufwand in guter Näherung berechnet werden kann. Die Abweichung von numerisch ermittelten Werten liegt in der Größenordnung von 1% von Q_R und damit im Rahmen der Unsicherheit, mit der überhaupt die Trennung von Q_R und ΔQ vorgenommen werden kann.

---

[26] BERNSTEIN, R. B., and K. H. KRAMER: J. Chem. Phys. **38**, 2507 (1963).

Als letztes betrachten wir noch die Funktion $\Delta Q(D)$. Zu einer übersichtlichen und für den Vergleich mit dem Experiment sinnvollen Darstellung gelangen wir, wenn wir die Extrema dieser Funktion, das sind die *Amplituden* A_N, betrachten.

$$A_N = \Delta Q(D_N)/Q_R(D_N). \qquad (2.22)$$

Die halbklassische Näherung[23] liefert für die Korrelation der Potentialparameter mit den Amplitudenbeträgen keinen brauchbaren Ansatz, weil die Verbreiterung der Phasenfunktion durch die Modifikation des Potentials im Minimum asymmetrisch erfolgt. Dadurch wird die übliche Parabelapproximation der Phasenfunktion in ihrem Maximum ungültig.

Wie Abb. 2 zeigt, wird für größere Werte von γ_0 (etwa ab $\gamma_0 = 0,5$) außerdem der *mittlere* Querschnitt stark verändert, wodurch eine genauere Analyse erschwert wird.

Wir beschränken uns deshalb auf phänomenologische Aussagen in einem Parameterbereich, in dem die Breite der Störfunktion γ_0 so klein ist, daß der mittlere Querschnitt unverändert bleibt. Abb. 3 zeigt ein solches Beispiel. Man liest aus Rechnungen dieser Art ab, daß die Amplituden linear mit Γ_0 anwachsen, wenn man γ_0 konstant hält. Umgekehrt wachsen bei festem Potentialparameter Γ_0 bis zu dem Grenzwert $\gamma_0 \approx 0,3$ die Amplituden quadratisch mit γ_0. Für die Modifikation des Potentials im Minimum haben wir in Abb. 4 eine Übersicht zusammengestellt, die den Einfluß der Formparameter Γ_0 und γ_0 auf den Querschnitt abzuschätzen gestattet. Die durchgezogenen Linien zeigen für festes $D=5$ die Parameterwerte an, für die die Abweichung des mittleren Querschnitts vom mittleren Querschnitt des ungestörten Potentials 1, 5 und 10% ist. Die unterbrochenen Linien zeigen an, für welche Parameterwerte die Amplituden A_1 um 1, 10 bzw. 50% gegenüber dem Wert für das (12-6)-Potential anwachsen.

2.2.3. Der differentielle Streuquerschnitt. Die Messungen des differentiellen Streuquerschnitts ergeben in Atomstrahlexperimenten zwei Besonderheiten, die durch das Zusammenwirken von Anziehungs- und Abstoßungskräften verursacht sind. Einmal liegen Extrema der Intensität als Funktion des Winkels mit relativ großem Winkelabstand vor: die Regenbogenstruktur. Zum anderen sind dieser Regenbogenstruktur die schnellen Oszillationen mit einem Winkelabstand von etwa 1° überlagert. Die Abhängigkeit dieser

Strukturen von den Formparametern haben wir bei einer Reihe von Testrechnungen untersucht.

Für die Regenbogenwinkel haben wir in Abb. 5 für ein repräsentatives Beispiel ($B=1000$) die Ergebnisse dargestellt. Aufgetragen sind die Winkel des 1. Regenbogenmaximums bei festen Werten

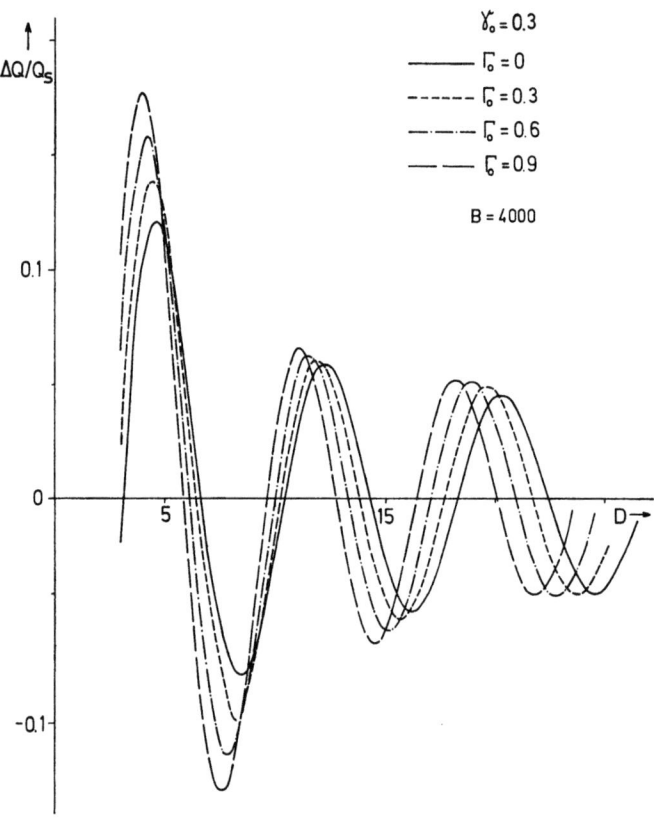

Abb. 3. Relativer totaler Streuquerschnitt als Funktion von D für kleine Werte von γ_0

von K als Funktion des Parameters γ_0; innerhalb der einzelnen Kurvengruppen variiert noch Γ_0, die Gruppen unterscheiden sich durch K.

Betrachtet man die Werte für $\gamma_0=0$, d.h. die zum $(12-6)$-Potential gehörigen Werte der Winkel, so ergibt sich innerhalb der Fehlergrenzen, die durch die Mittelung über die schnellen Oszillationen entstehen, Linearität in $1/K$. Beim Übergang zu höheren Werten von γ_0 durchlaufen die Winkel die angegebenen Kurven.

Das Maximum der Kurven $\vartheta_1(\gamma_0)$, das für abnehmende Werte von K stärker ausgeprägt ist, verschiebt sich mit wachsendem K zu größeren Werten des Parameters γ_0. Dies hat gleichzeitig zur Folge, daß bei starken Deformationen des Potentials die lineare Abhängigkeit des Winkels von $1/K$ nicht mehr gültig ist. Hält

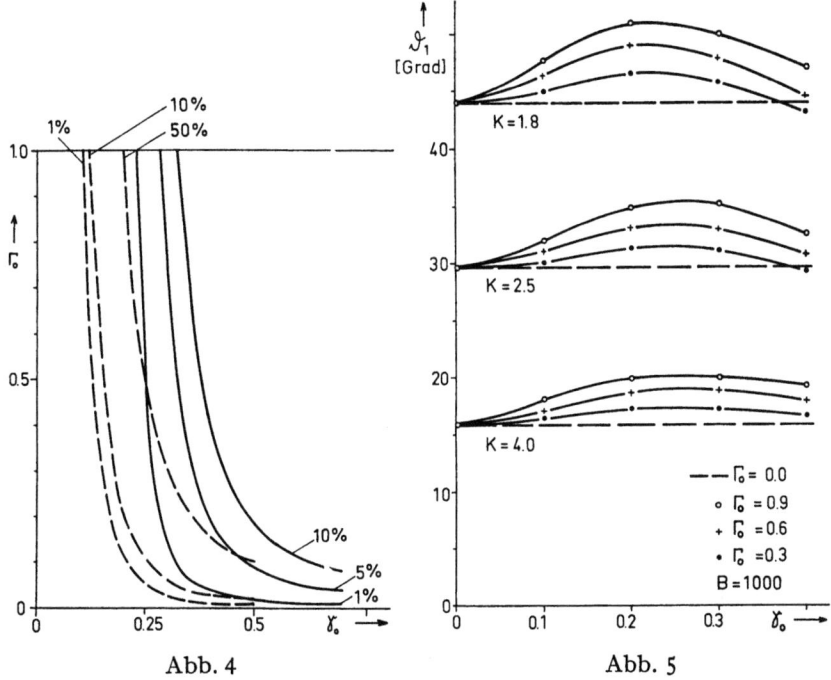

Abb. 4.   Abb. 5

Abb. 4. Der Einfluß einer Potentialmodifikation im Minimum auf den mittleren Querschnitt (—) und auf die Amplitude A_1 (---) für $D = 5$ und $B = 4000$

Abb. 5. Die Lage des ersten Regenbogenmaximums als Funktion von K und den Potentialparametern

man umgekehrt γ_0 fest und variiert Γ_0, so erhält man nur in Teilbereichen eine lineare Abhängigkeit für $\vartheta_1(\Gamma_0)$.

Über diese qualitativen Aussagen hinaus quantitative Zusammenhänge zu suchen, schien uns nicht sinnvoll, weil die relativen Änderungen der Winkel bezüglich aller Parameter wieder von K abhängen.

Für die Bestimmung des Parameters ε aus den Regenbogenwinkeln hat die Verbreitung des Potentials eine wichtige Konsequenz. Liegen die Parameter in dem Gebiet, in dem die Winkel mit wachsenden Werten von $\Gamma_0 \cdot \gamma_0$ monoton anwachsen, so gelangt man bei Anpassung der experimentellen Winkel zu einem größeren Wert von K als bei der Auswertung der gleichen Daten mit dem (12—6)-Potential. Da aber die Stoßenergie durch die experimentellen Daten festgelegt ist, ermittelt man auf diese Weise einen kleineren ε-Wert. Das heißt, die Verbreiterung des Potentials im Minimum ist — ähnlich wie bei der Lage der Extrema im totalen Streuquerschnitt — einer Vergrößerung von ε bei dem Ausgangspotential äquivalent. Geht man jedoch über das Gebiet der Monotonie bezüglich γ_0 hinaus, so erweisen sich wegen der durchlaufenen Extrema die Winkel des ersten Regenbogenmaximums als unzureichend für die Bestimmung der Formparameter (vgl. Abb. 5). Da dieser Bereich von den für die Alkali-Edelgassysteme realisierten Potentialen durchaus erreicht wird, ist in diesem Zusammenhang Vorsicht geboten, den Einfluß der Regenbogenwinkel bei der Bestimmung der Formparameter überzubewerten. In dem von uns eingeschlagenen Verfahren zur Bestimmung des besten Parametersatzes gleichen sich derartige Schwierigkeiten durch konsequente Berücksichtigung *aller* Meßwerte aus.

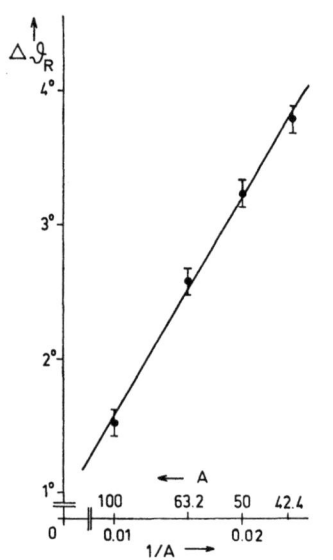

Abb. 6. Die Winkeldifferenz der schnellen Oszillationen als Funktion von $1/A$

Die Auswertung der *schnellen Oszillationen* ergibt die bekannte starke Korrelation mit r_m und der Relativgeschwindigkeit g. Von den Formparametern und ε ist der Betrag von $\Delta\vartheta$ unabhängig, d.h. innerhalb der Genauigkeit der Ablesung konnte kein systematischer Gang mit diesen Parametern festgestellt werden. Abb. 6 zeigt die Ergebnisse unserer Rechnungen. Es ist $\Delta\vartheta$ als Funktion von $1/A$ aufgetragen. In der Abbildung sind an jedem Punkt 13 Potentiale ausgewertet, deren Variation innerhalb $\Gamma_0 \leq 0,9$ und $\gamma_0 \leq 0,4$ lag. Die in der Geraden $\Delta\vartheta(1/A)$ eingezeichneten Fehlerbalken sind die Ablesefehler unseres Auswertungsverfahrens der gerechneten Kurven, sie sind größer als die Unterschiede zwischen den

Potentialen. Wir schreiben diese Relation als

$$\Delta \vartheta = C_{kl}^{\text{th}}/g \quad \text{mit} \quad C_{kl}^{\text{th}} = 160 \frac{\hbar}{\mu r_m}. \qquad (2.23)$$

Der Wert des Vorfaktors ist etwas abhängig von der Stelle, wo die Winkeldifferenz abgelesen wird (hier nahe beim Hauptmaximum ϑ_1 der Regenbogenstruktur) und von der Darstellung des differentiellen Streuquerschnitts (hier $I(\vartheta)$). Bei der Ablesung der Winkeldifferenz in der Nähe des ersten Regenbogenminimums in der Darstellung $I(\vartheta) \sin \vartheta$ ist $C_{kl}^{\text{th}} = 155 \, \hbar/\mu r_m$.

2.3. Die Modifikation des Potentials außerhalb des Minimums

2.3.1. Die Phasenfunktion. Wir diskutieren die zweite Modifikation wiederum zunächst an den JB-Phasen (2.3), die wir bequemerweise in der Form reduzierter Phasen anschreiben.

$$\tilde{\eta}(\beta) \equiv \frac{\eta(\beta)}{D} = -\frac{1}{2} \int_{\beta}^{\infty} \frac{V^*(x) \, dx}{\sqrt{1 - \beta^2/x^2}}. \qquad (2.24)$$

Dadurch können wir die Änderung der Form der Phasenfunktion unabhängig von der Energie diskutieren.

Für unsere Modifikation des Potentials können wir einen Bereich x_a bis x_e annehmen, in dem die Modifikation wirksam ist. Dann wird für Stoßparameter $\beta > x_e$ die Phasenfunktion, verglichen mit derjenigen des Bezugspotentials, unverändert bleiben. Die Phasen zu Stoßparametern mit $x_a \leq \beta \leq x_e$ werden wesentlich verändert. Für die Stoßparameter $\beta < x_a$ ist wegen der Integration in (2.24) stets ein Einfluß der Potentialmodifikation auf die Phasen zu erwarten, jedoch nimmt dieser mit abnehmenden Werten von β wieder ab, da im Integral die Gewichtsfunktion die Beiträge nahe bei β überwiegen läßt. Abb. 7 zeigt ein Beispiel.

Grundsätzlich hat eine Änderung der Phasenfunktion natürlich die Änderung jeder Meßgröße zur Folge, doch wollen wir uns hier auf diejenigen Aussagen beschränken, die für die direkte Anwendung von Bedeutung sind. Diese haben wir bei unseren Versuchen zur Anpassung der Messungen gewonnen. Eine systematische Analyse schien aufgrund des Rechenaufwandes und der Zahl der Parameter nicht sinnvoll.

2.3.2. Der totale Streuquerschnitt. Die Lage der Extrema kann in einer Form analog zu (2.7) ausgedrückt werden, wobei die Verschiebung durch eine Summe von Produkten $\Gamma_i \gamma_i$ dargestellt werden kann. Für die Alkali-Edelgassysteme ist die zweite Modifikation jedoch so geringfügig, daß die Lage der Extrema praktisch nur von der Modifikation im Minimum beeinflußt wird.

Die Größe δ, die in den Gln. (2.11) und (2.12) für die Berechnung der Veränderung von β^* und Q_R^* benötigt wird, ergibt sich entsprechend als eine Summe von Fehlerfunktionen analog zu Gl. (2.13).

Die Amplituden hängen in unübersichtlicher Weise mit den Parametern Γ_1, γ_1 und x_1 zusammen. Wie die Abb. 7 anzeigt, kann es zu einem zweiten Bereich stationärer Phasen für Werte des Stoßparameters größer als β_0 (Argument der Maximalphase) kommen. Ein solcher Bereich kann sowohl zu einer Verkleinerung als auch zu einer Vergrößerung der Amplitude führen, je nachdem, ob die neue stationäre Phase in der Nähe von π oder $\pi/2$ liegt. Bei realistischen Potentialmodifikationen wird es nicht zu einer zweiten Stelle stationärer Phase kommen, da das dazugehörige Potential wenigstens ein zweites Minimum oder ein Maximum für $x > 1$ haben müßte. Dennoch wird sich eine Potentialmodifikation in diesem Gebiet stark auswirken, selbst

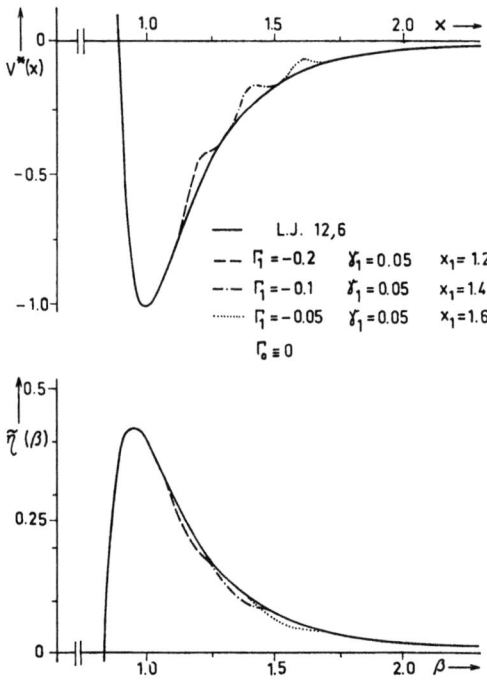

Abb. 7. Reduziertes Potential mit den entsprechenden Phasenfunktionen (JB-Näherung)

wenn das dort normalerweise vorliegende „random"-Verhalten nur geringfügig verletzt wird. Denn die Partialquerschnitte

$$Q_l = (2l + 1) \sin^2 \eta_l \qquad (2.25)$$

sind mit $(2l + 1)$ gewichtet. Dies ist letztlich der Grund, weshalb wir mit einiger Sicherheit die Parameter der Alkali-Edelgassysteme für die geringfügige Modifikation außerhalb des Minimums angeben können. Es zeigt sich nämlich, daß aus den genannten Gründen die zweite Amplitude A_2 von dieser Modifikation empfindlich abhängt.

2.3.3. Der differentielle Streuquerschnitt. Für die Regenbogenwinkel und ihre Abhängigkeit von den Potentialparametern gilt wiederum grundsätzlich das zur Modifikation im Minimum Gesagte (Abschnitt 2.2.3). Die Vergrößerung des Potentialvolumens durch Veränderung der Form des Potentials entspricht einer Vergrößerung von ε bei festen Formparametern. Praktisch hat jedoch die von uns für die Alkali-Edelgassysteme ermittelte

Modifikation außerhalb des Minimums keinen Einfluß auf die Lage der Winkel gehabt.

Durch Untersuchungen von Potentialfunktionen, die außerhalb des Minimums stark verändert waren, wurde für die schnellen Oszillationen die Relation (2.23) wieder unabhängig von der Form des Potentials bestätigt.

3. Das χ^2-Minimum-Verfahren

3.1. Beschreibung des Verfahrens

Wie im Abschnitt 1.2 dargestellt wurde, führt die Anpassung des Potentials mit nur einem Typ von Meßergebnissen im allgemeinen zu deutlichen Unverträglichkeiten mit anderen Daten des gleichen Systems. Daher berücksichtigen wir in dieser Arbeit möglichst viele der an einem System durchgeführten Messungen. In einem solchen Fall ist es unerläßlich, daß ein objektives Maß für die Güte einer Anpassung zur Verfügung steht. Geeignet als solches Maß ist die χ^2-Summe [27, 28].

$$\chi^2 = \sum_{i=1}^{n} (M_{i\,\exp} - M_{i\,\text{th}})^2 / \Delta M_i^2. \qquad (3.1)$$

Hierin sind die $M_{i\,\exp}$ die Meßwerte einer Größe, die $M_{i\,\text{th}}$ die zugehörigen theoretischen Werte und die ΔM_i die Fehler der Meßwerte. Die Summe erstreckt sich über alle Meßwerte. Die beste Anpassung wird durch Minimalisierung der χ^2-Summe bezüglich der Parameter Θ_K des Potentials ermittelt; diese gehen über die $M_{i\,\text{th}} = M_{i\,\text{th}}(\Theta_K)$ in die Summe ein. Es erscheinen also in einer Methode der kleinsten Quadrate die Abweichungsquadrate mit den reziproken Meßfehlern gewichtet, wodurch die unterschiedliche Qualität der einzelnen Messungen berücksichtigt wird.

Bei der Darstellung unserer Ergebnisse in Tabelle 2 ist der Betrag der χ^2-Summe für den besten Parametersatz mit angegeben. Dabei sind als ΔM_i diejenigen Fehler eingesetzt, die in Tabelle 1 (der Liste der von uns verwandten Meßwerte) aufgeführt sind. Mit der Angabe dieser Daten wird es jederzeit möglich sein, andere Potentialmodelle mit dem hier verwandten zu vergleichen.

Die statistische Theorie liefert über dieses relative Maß zur Bestimmung des Minimums hinaus die Möglichkeit der *Fehlerrechnung*, wie sie am Ende dieses Abschnitts für ein Beispiel dis-

---

[27] SMIRNOW, N. W., u. I. W. DURIN BANKOWSKI: Math. Statistik in der Technik. Berlin: VEB Deutscher Verlag der Wissenschaften 1963.

[28] JANNEAU, L., et D. MORELLET: Notions de statistique et applications. Proceedings of the 1964 Easter School for Physicists, CERN Report 64-13.

kutiert wird. Liegen nämlich n statistisch unabhängige Größen vor, deren jede um den Mittelwert 0 mit der Streuung 1 normalverteilt ist, dann ist ihre Quadratsumme χ_q^2-verteilt, wobei q gleich der Anzahl der Freiheitsgrade ist. Diese Anzahl der Freiheitsgrade ist ein Parameter der vertafelten Funktionen $P_q(\chi^2)$, sie ergibt sich zu $q = n - f$, wo n die Anzahl der Messungen und f die Zahl der zu bestimmenden Parameter ist.

Liefert eine Hypothese A einen Wert χ_A^2, dann erhält man mit dem vertafelten Wert $P_q(\chi_A^2)$ die „Wahrscheinlichkeit des Hypothese A" oder, präziser ausgedrückt, die Wahrscheinlichkeit, ein $\chi^2 \geq \chi_A^2$ zu finden.

Hiermit wird die Fehlerdiskussion in einfacher Weise ermöglicht. Wir wählen eine Signifikanzgrenze von 10% und bestimmen den zugehörigen χ_{10}^2-Wert mit

$$P_q(\chi_{10}^2) = 0{,}1 . \tag{3.2}$$

Diese Grenze entspricht etwa der 2σ-Grenze bei einer Normalverteilung. Im Parameterraum ermitteln wir dann diejenigen Punkte, für die $\chi^2 = \chi_{10}^2$ gilt. Wenn in der Nähe der besten Anpassung eine Linearisierung der Funktionen $M_i(\Theta_K)$ bezüglich der Parameter Θ_K möglich ist, ist die Ortskurve der Punkte $\chi^2 = \chi_{10}^2$ ein f-dimensionales Ellipsoid. Die Projektionen dieses Ellipsoids auf die Koordinatenachsen legen die Fehlergrenzen der Parameter Θ_K fest. Die Wahrscheinlichkeit, daß die Parameter innerhalb der Fehlergrenzen liegen, ist dann 90%.

Die Schwierigkeit bei der direkten Anwendung des χ^2-Testverfahrens in der oben diskutierten Form liegt darin, daß die ΔM_i in Gl. (3.1) eigentlich die wirklichen Streuungen σ_i der Meßwerte sein müßten. Eine statistisch einwandfreie Schätzung dieser Größen (die sich auf viele Messungen stützen müßte) ist wegen des Aufwands praktisch undurchführbar. Die Ersatzgrößen ΔM_i sind daher u. U. systematisch falsch.

Zur Lösung dieses Problems beschreiten wir einen bekannten Weg, der ausnutzt, daß der Erwartungswert von χ^2 gleich der Anzahl der Freiheitsgrade ist [29, 30].

---

[29] COHEN, E. R., and J. W. M. DU MOND: Handbuch der Physik (Hrsg. S. FLÜGGE), Bd. XXXV, 1. Berlin-Göttingen-Heidelberg: Springer 1957.

[30] ROSENFELD, A. H., ANGELA BARBARO-GALTIERI, W. J. PODOLSKY, L. R. PRICE, P. SODING, CH. G. WOHL, M. ROOS, and W. J. WILLIS: Rev. Mod. Phys. **39**, 1 (1967).

Man multipliziert die χ^2-Werte mit einem Faktor a, so daß für die durch $\chi^2 = \chi^2_{\min}$ definierte beste Anpassung gilt

$$\tilde{\chi}^2_{\min} = \chi^2_{\min} \cdot a = q. \tag{3.3}$$

Das bedeutet, man vergrößert oder verkleinert die bisher geschätzten Meßfehler derart, daß für die beste Anpassung die Beiträge jedes Summanden in (3.1) *im Mittel* gleich 1 sind. Dadurch unterscheiden sich dann für den besten Parametersatz die theoretischen Werte im Mittel gerade um den Meßfehler von den experimentellen Daten. Nach dieser Normierung der χ^2-Werte verfährt man mit den Werten $\tilde{\chi}^2$ nach der oben beschriebenen Prozedur.

3.2. Anwendung des Verfahrens

In unserem χ^2-Verfahren benutzen wir für jedes System möglichst viele der im folgenden aufgeführten Größen: Zunächst die Lagen v_N und Amplituden A_N der Extrema im totalen Streuquerschnitt: Dazu wird die Funktion*

$$\frac{Q_{\text{eff}}(v_i) - Q_{s\,\text{eff}}(v_i)}{Q_{s\,\text{eff}}(v_i)} = \frac{Q_{\text{eff}}(v_i)}{\lambda \cdot v_i^{-\frac{2}{5}} F a_0(6, x)} - 1 \tag{3.4}$$

gegen v_i aufgetragen, Lage und Höhe der Extrema graphisch bestimmt und diese Werte als endgültige Meßwerte benutzt. Dabei ist $Q_{\text{eff}}(v_i)$ der gemessene effektive Querschnitt, $Q_{s\,\text{eff}}(v_i)$ der effektive berechnete („SCHIFFsche") Querschnitt nach (2.15) und $x = v_i/v_{kw}$. Der Faktor λ wird so bestimmt, daß die Undulationen um $Q_{s\,\text{eff}}$ als Mittelwert erfolgen[31]. Bei einigen der von uns verwandten Systeme wurden die Mittellinien des totalen Streuquerschnitts gegenüber den veröffentlichten Werten neu bestimmt. Mit der Einführung der Amplitudendifferenzen $A_N - A_{N+1}$ könnte man die Festlegung der Mittellinie des totalen Querschnitts noch umgehen.

Die Auswahl der Extrema als „Meßpunkte" für die gemessene Geschwindigkeitsabhängigkeit ist etwas willkürlich. Grundsätzlich wäre jeder einzelne Meßpunkt heranzuziehen. Die Extrema charakterisieren jedoch den Verlauf mit genügender Genauigkeit, weil die Gesamtkurve sowohl beim Experiment als auch bei den Rechnungen

---

* Die Benutzung von $F a_0(6, x)$ ist richtig bei Verwendung einer Streukammer. Zur Definition vgl. [32].

[31] BUSCH, FR. V., H. D. STRUNCK u. CH. SCHLIER: Z. Physik **199**, 518 (1967).

[32] BERKLING, K., R. HELBING, K.-H. KRAMER, H. PAULY, CH. SCHLIER u. P. TOSCHEK: Z. Physik **166**, 406 (1962).

stets durch eine amplitudenmodulierte cos-Funktion der reziproken Relativgeschwindigkeit $1/g$ dargestellt werden kann. Die Benutzung jedes einzelnen Meßpunktes im χ^2-Verfahren ist durch den Rechenaufwand ausgeschlossen.

Als nächsten Meßwert zum totalen Streuquerschnitt benutzen wir die van der Waals-Konstante, die aus Messungen des Absolutwertes des totalen Streuquerschnitts gewonnen wird. Lag dieser als Meßwert für ein Stoßpaar nicht vor, so haben wir statt dessen die von DALGARNO und DAVISON[33] berechneten van der Waals-Konstanten verwandt. Sie stimmen, wie verschiedene Beispiele zeigen, innerhalb der Fehlergrenzen mit den experimentellen Werten überein. Wenn auch der Fehler dieser „Meßgröße" beträchtlich ist, so ist sie doch wegen der starken Abhängigkeit des theoretischen Wertes von r_m ein empfindliches Maß für die Bestimmung dieses Potentialparameters.

Von den differentiellen Streuquerschnitten benutzen wir die Regenbogenwinkel als Funktion der Energie. Da in diesem Fall die Mittelung über die Geschwindigkeitsverteilung von Primär- und Sekundärteilchen sowie die Berücksichtigung der geometrischen Verhältnisse nur in grober Näherung möglich ist, werden, wie allgemein üblich, nur die Positionen dieser Extrema benutzt. Abweichend vom Verfahren bei den Undulationen sind hier die Korrekturen der jeweiligen Autoren übernommen worden, d.h. deren im Schwerpunktsystem angegebene Winkel.

Außer den Regenbogenwinkeln sind bei einigen Systemen die schnellen Oszillationen im differentiellen Streuquerschnitt bekannt. Diese lassen sich nach entsprechenden Korrekturen[10] durch den Ausdruck

$$\Delta \delta = C_{kl}^{\text{exp}}/g \qquad (3.5)$$

darstellen, wo g die Relativgeschwindigkeit der Stoßpartner ist. Die Ermittlung des experimentellen Wertes von C_{kl}^{exp} als Steigung der mittleren Geraden durch die gegen $1/g$ aufgetragenen Meßwerte $\Delta\vartheta(g)$ sichert dabei die volle Berücksichtigung aller Meßwerte.

Die theoretischen Werte, die wir mit diesen experimentellen Daten vergleichen, liegen in reduzierten Einheiten vor. Bei festen Werten für B und Γ_0, γ_0, Γ_1, γ_1 und x_1 berechnen wir zunächst die folgenden Werte: für den totalen Querschnitt eine Liste $Q(D)$, für

---

[33] DALGARNO, A., and W. D. DAVISON: Advances At. Mol. Phys. **2**, 1 (1967).

den differentiellen Streuquerschnitt die Regenbogenwinkel ϑ_i für das erste Regenbogenmaximum und gegebenenfalls weitere Extrema für verschiedene reduzierte Energien K. Diese werden so ausgewählt, daß sie den Bereich der gemessenen Energien bei angemessener Wahl eines ε-Bereiches gut überdecken und so dicht unterteilen, daß lineare Interpolation in $1/K$ möglich ist. Für die schnellen Oszillationen benutzen wir Gl. (2.27). Dabei müssen wir je nach der Auswertung der Experimente — einmal sind die Winkeldifferenzen in $I(\vartheta)$ einmal in $I(\vartheta) \sin \vartheta$ ermittelt — etwas verschiedene Vorfaktoren verwenden.

Liegen diese Daten zusammen mit den experimentellen Werten vor, so wird eine Hypothese über ε aufgestellt, die bei festem B für das entsprechende Stoßpaar auch r_m festlegt. Die totalen Streuquerschnitte werden umgerechnet in eine $Q(g)$-Liste. Mittelung dieser Funktion über die Geschwindigkeitsverteilung der Sekundärteilchen liefert die theoretischen Werte für die v_N und A_N. Zur Einsparung von Rechenzeit suchen wir Schätzwerte für die Lage der Extrema, indem wir ausnutzen, daß diese Lage als Funktion von $\bar{g} = v_{kw} x (1 + \frac{3}{2} x^2) \cdot (F a_0(6, x))^{-1}$ nahezu invariant gegenüber der Mittelung über die Geschwindigkeitsverteilung in der Streukammer ist.

Der nächste theoretische Wert, die van der Waals-Konstante, berechnet sich für das hier benutzte Potential stets zu $2 \varepsilon r_m^6$. Bei den Regenbogenwinkeln liefert die Hypothese für ε unter Benutzung von $\bar{E} = K \varepsilon$ die Winkel als Funktion von $\bar{E}$. In dieser Liste wird linear in $1/\bar{E}$ auf diejenigen Werte von $\bar{E}$ interpoliert, bei denen die Meßwerte vorliegen. Die schnellen Oszillationen bzw. die dafür repräsentative Konstante C_{kl}^{exp}, vergleichen wir mit dem theoretischen Wert nach Gl. (2.23).

Nun kann die χ^2-Summe berechnet werden. Das geschieht für eine Reihe von ε-Werten, die es erlaubt, bei festem B und festen Formparametern ein relatives χ^2-Minimum zu finden. Weitere Serien von Rechnungen mit abgeändertem B, Γ_0, γ_0 usw. folgen, bis in sukzessiver Approximation ein Minimum bezüglich aller Parameter gefunden ist.

3.3. Fehlerrechnung

Im folgenden soll die Fehlerrechnung für das Stoßpaar K-Ar etwas ausführlicher diskutiert werden. Wir beschränken uns dabei auf die Parameter ε, r_m, Γ_0 und γ_0, weil eine Fehlerbestimmung der übrigen Parameter Γ_1, γ_1 und x_1 einen zu großen Rechenaufwand erfordert. Die bei dieser Modellrechnung erhaltenen Optimalwerte stimmen daher *nicht* mit dem Endergebnis überein, weil die zweite Modifikation fehlte, d.h. $\Gamma_1 = 0$ war. Der Hauptzweck dieser Darlegungen liegt in der Bestimmung der Fehler von Γ_0 und γ_0.

Die Abb. 8a und b zeigen die Fehlerellipsen in der (ε, r_m)- bzw. (Γ_0, γ_0)-Ebene. Sie bestimmen sich, wie oben ausgeführt wurde, als diejenigen Koordinatenlinien, für die $\chi^2 = \chi_{10}^2$ ist. Der Mittelpunkt entspricht dem optimalen Parametersatz $\bar\varepsilon$, $\bar r_m$, $\overline{\Gamma_0}$ und $\bar\gamma_0$.

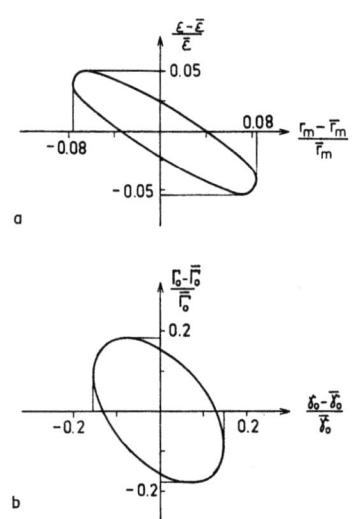

Abb. 8a u. b. Die Fehlerellipsen in der ε, r_m-Ebene und in der Γ_0, γ_0-Ebene für das System K-Ar

Abb. 8a wurde bei festen Formparametern und mit ε und r_m als Variablen ermittelt. Dabei ergeben sich die Ellipsen nicht in Hauptachsendarstellung: dies ist gleichbedeutend damit, daß die Fehler beider Größen miteinander korreliert sind. Eine Transformation auf Hauptachsen liefert neue Parameter, die sich ungefähr als Summe bzw. Differenz von ε und r_m darstellen würden. Fehlerangaben bezüglich dieser Parameter sind jedoch wenig interessant, weshalb wir als Fehlerbereich für die Parameter ε und r_m die *Projektion* auf die entsprechenden Achsen benutzen*. Eine Vernachlässigung der Korrelation zwischen zwei Größen, d.h. die Benutzung der Achsen*abschnitte* der Diagramme, liefert im allgemeinen viel zu kleine Fehler: für ε und r_m hier um einen Faktor 2. Hieraus und aus der gleichzeitigen Benutzung vieler verschiedenartiger Meßwerte ist zu erklären, daß die aus der Zeichnung abgelesenen Fehler — für ε etwa 5 % und r_m etwa 8 % — verglichen mit älteren Fehlerangaben relativ groß ausfallen.

---

* Es wäre jedoch zu untersuchen, wie weit die Fehlerellipsen geeignet sind, solche neue Parameter herauszufinden, in denen die Anpassung unabhängig voneinander möglich und dadurch wesentlich einfacher ist. Ein physikalischer Inhalt ist jedoch dann u. U. wegen der Dimensionsungleichheit nicht gegeben, z.B. für $\varphi = \varepsilon + r_m$ und $\psi = \varepsilon - r_m$. Daß φ und ψ formal besser sind, liegt an der genauen Messung von $\varepsilon \cdot r_m = \frac{1}{4}(\varphi^2 - \psi^2)$ durch die Lagen v_N der Undulationen.

Abb. 8b zeigt die Fehlerellipse in der (Γ_0, γ_0)-Ebene bei festen Werten für ε und r_m. Dabei ist eine Korrelation zwischen Γ_0 und γ_0 einerseits und ε und r_m andererseits außer acht gelassen und $\varepsilon = \bar{\varepsilon}$ und $r_m = \bar{r}_m$ gesetzt. Die 90%-Grenze weist dann für Γ_0 und γ_0 einen Fehler von 20 und 15 % aus. Diese Werte nehmen wir als Schätzwerte für alle übrigen Ergebnisse. Wie die später angegebenen Fehler für ε und r_m zeigen, sind die Fehlergrenzen stark von der Anzahl der verwendeten Meßpunkte abhängig. Das Beispiel K-Ar ist insofern gut geeignet, als die Anzahl der Meßwerte hier einen mittleren Wert hat.

4. Ergebnisse

Die im folgenden zusammengestellten Ergebnisse beruhen auf den Meßwerten, die in Tabelle 1 zusammengestellt sind. Die Anpassung ist vom System K-Ar ausgehend durchgeführt worden. In diesem System liegen insgesamt die meisten Messungen vor[9], von denen, wie Tabelle 1 ausweist, jedoch nicht alle mitberücksichtigt sind. Dies geschah einmal, weil die Messungen älteren Datums zum Teil erhebliche Fehler aufweisen, zum anderen, weil bei einigen der Rechenaufwand für die notwendigen Mittelungsprozesse zu hoch ist. An diesem System wurden die Formparameter Γ_0, γ_0, Γ_1, γ_1 und x_1 optimalisiert, wobei die oben diskutierten Daten zur Fehlerbetrachtung ermittelt wurden. Weitere Rechnungen, die die Anpassung von Na-Kr zum Ziele hatten, ergaben, daß für dieses System dieselben Formparameter bis auf geringe Unterschiede optimal waren. Dies legte den Schluß nahe, daß auch für die restlichen Systeme die Formparameter verwendbar sind, während ε und r_m noch anzupassen waren. Wie im Eingangskapitel bereits ausgeführt wurde, sind die experimentellen Daten, z.B. hinsichtlich der Amplituden und der Schräglage der Mittellinie im totalen Querschnitt, einander ähnlich.

Die Herkunft der experimentellen Werte ist aus den Literaturzitaten ersichtlich, so daß zur Ergänzung an dieser Stelle nur kurz darauf eingegangen zu werden braucht.

Die Amplituden und Lagen der Extrema im totalen Streuquerschnitt der Li-Kr-Werte von ROTHE[13] wurden nach dem oben erläuterten Verfahren auf die hier benutzte Amplitudennormierung umgerechnet. Bei den übrigen Systemen sind sie der Arbeit von v. BUSCH, STRUNCK und SCHLIER[31] entnommen. Eventuelle Abweichungen der Amplitudenwerte von den dort angegebenen Daten sind durch die von uns vorgenommene Verschiebung der Mittellinie zu erklären. Diese Änderung geht nicht über 1 % hinaus.

Tabelle 1. *Meßwerte und Meßfehler*

Die bei den Meßwerten in Klammern angegebenen Werte sind die Fehler der entsprechenden Größen. Die Dimensionen der Meßgrößen sind folgendermaßen vereinbart: v (m/s), A (⁰/₀₀), C^6 (10^{-60} erg cm⁶), Energie (10^{-14} erg), Regenbogenwinkel (°), C_{kl}^{exp} (10^5 °cm/sec), vgl. (3.5), und Streukammertemperatur T_{st} (°K).

K — Kr	Totale Streuquerschnitte					Zitat
N	1,5	2,0	2,5	3,0	T_{Stk}	31
$v(N)$	1680 (50)	1170 (50)	850 (50)	650 (50)	77,4	
$A(N)$	−72 (10)	67 (10)	−36 (10)	0 (10)		
C^6	385 (100)					33

Na — Ar	Totale Streuquerschnitte				
N	1,0	1,5	2,0	T_{Stk}	31
$v(N)$	1810 (50)	925 (50)	570 (50)	77,4	
$A(N)$	207 (10)	−50 (10)	25 (10)		
C^6	182 (50)				33

Li — Kr	Totale Streuquerschnitte				
N	1,0	1,5	2,0	T_{Stk}	13
$v(N)$	2700 (200)	1350 (100)	925 (75)	77,4	
$A(N)$	210 (30)	−100 (20)	70 (20)		
C^6	240 (80)				33

K — Ar	Totale Streuquerschnitte				
N	1,0	1,5	2,0	T_{Stk}	31
$v(N)$	1950 (100)	975 (50)	666 (100)	77,4	
$A(N)$	208 (8)	−46 (8)	35 (10)		
C^6	284 (70)				33a

	Differentielle Streuquerschnitte		
	Energie	Regenbogenwinkel	11
	4,45	13,5 (0,8)	9,0 (0,8)
	4,98	12,0 (0,6)	7,5 (0,6)
	5,63	10,0 (0,8)	6,5 (0,6)
	6,17	9,0 (0,6)	5,3 (0,6)
	7,53	6,7 (0,5)	3,7 (0,5)
	8,27	5,6 (0,5)	3,3 (0,5)
	9,06	5,4 (1,3)	2,8 (1,3)

Na — Xe	Totale Streuquerschnitte				
N	2,0	2,5	3,0	T_{Stk}	31
v_N	1650 (50)	1200 (50)	950 (100)	293	
A_N	55 (5)	−29 (5)	0 (9999)		
C^6	644 (185)				33a

[33a] BENNEWITZ, H. G., u. H. D. DOHMANN: Z. Physik **182**, 524 (1965).

Tabelle 1 (Fortsetzung)

Differentielle Streuquerschnitte				Zitat
Energie	Regenbogenwinkel			19
8,10	21,1 (3,0)	15,3 (0,4)	9,9 (0,4)	
9,60	17,5 (0,4)	12,4 (0,4)	7,7 (0,4)	
10,43	16,0 (0,4)	11,4 (0,4)	7,0 (0,4)	
10,77	15,4 (0,4)	11,0 (0,4)	6,5 (0,4)	
11,52	14,2 (0,4)	9,9 (0,4)	6,0 (0,4)	
12,17	13,5 (0,4)	9,4 (0,4)	5,2 (0,4)	
13,17	12,4 (0,4)	8,6 (0,4)	4,6 (0,4)	
13,46	12,1 (0,4)	8,1 (0,4)	4,2 (0,4)	
14,67	10,7 (0,4)	7,2 (0,4)	3,9 (0,4)	
15,85	9,8 (0,4)	6,5 (0,4)	3,4 (0,4)	
17,79	8,7 (0,4)	5,6 (0,4)		
20,65	7,0 (0,4)	4,6 (0,4)		
C_{kl}^{exp}	1,027 (0,026)			19

Na — Kr	Totale Streuquerschnitte				
N	1,5	2,0	2,5	T_{Stk}	31
v_N	1535 (100)	1060 (80)	770 (80)	77,4	
A_N	−69 (5)	70 (5)	−33 (5)		
C^6	268 (80)				33

Differentielle Streuquerschnitte			Zitat
Energie	Regenbogenwinkel		19
7,67	13,3 (0,4)	8,5 (0,4)	
8,98	11,3 (0,4)	7,2 (0,4)	
9,83	9,8 (0,4)	6,4 (0,4)	
10,00	9,6 (0,4)	6,3 (0,4)	
10,58	8,9 (0,4)	5,8 (0,4)	
11,32	8,4 (0,4)	5,4 (0,4)	
13,71	6,5 (0,4)	4,2 (0,4)	
14,32	6,1 (0,4)	3,9 (0,4)	
15,67	5,5 (0,4)	3,4 (0,4)	
18,68	4,5 (0,4)	2,6 (0,4)	
C_{kl}^{exp}	1,16 (0,02)		19

Die Regenbogenwinkel als Funktion der Energie liegen nicht bei allen Systemen vor. Ältere Messungen für K-Kr[34] wurden bei der Parameterbestimmung nicht berücksichtigt. Testrechnungen mit den endgültigen Parametern für die damals benutzten Energiewerte stehen jedoch in guter Übereinstimmung mit dem Experiment, wenn man Korrekturen bezüglich der Energie und der Energie- und Winkelauflösung berücksichtigt[35]. Neuere Messungen[12] waren zum Zeitpunkt des Abschlusses dieser Arbeit noch nicht verfügbar.

[34] BECK, D.: J. Chem. Phys. 37, 2884 (1962).
[35] BECK, D.: Private Mitteilung (1967).

Tabelle 2. *Ergebnisse für die Alkali-Edelgassysteme*

	Ar				Kr				Xe			
Li					1,27 ±0,13	4,65 ±0,35	1,6	7				
Na	0,82 ±0,05	4,80 ±0,23	1,2	7	1,37 ±0,03	4,73 ±0,16	14,7	28	1,99 ±0,03	4,91 ±0,08	12,8	42
K	0,86 ±0,03	5,05 ±0,25	7,6	21	1,45 ±0,20	4,84 ±0,20	4,7	9				

Es sind ε [10^{-14} erg], r_m [A], χ^2 (für die angegebenen Parameter vor der Normierung) und die Anzahl der zur Potentialbestimmung herangezogenen Werte in der angegebenen Reihenfolge aufgeführt. Die Formparameter sind: $\Gamma_0 = 0,35$, $\gamma_0 = 0,35$, $\Gamma_1 = 0,05$, $\gamma_1 = 0,15$, $\varkappa_1 = 1,3$. Es sind die korrelierten Fehler (Projektionen der Fehlerellipsen auf die Achsen) angegeben, unter Ausschluß der Korrelation mit Fehlern der Formparameter.

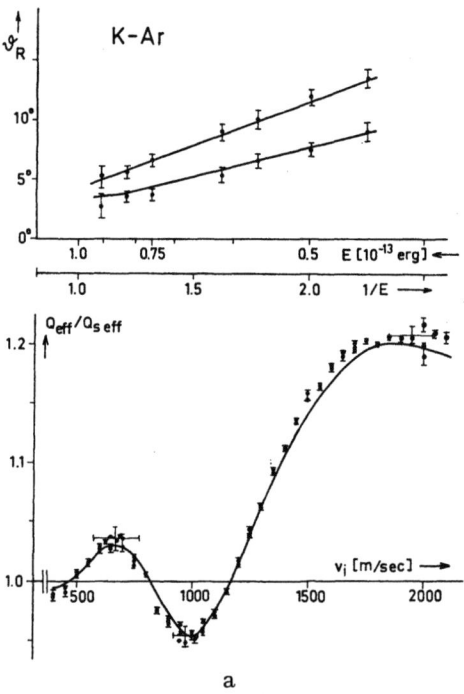

a

Abb. 9a u. b. Vergleich der theoretischen mit den experimentellen Werten. Regenbogenwinkel als Funktion der Energie und relative totale Streuquerschnitte als Funktion der Primärstrahlgeschwindigkeit für K-Ar und für Na-Xe. Bei den totalen Streuquerschnitten entsprechen die Fehlerkreuze den Meßfehlern der Tabelle 1

Die schnellen Oszillationen im differentiellen Streuquerschnitt lagen nur für die Systeme Na-Xe und Na-Kr mit genügender Genauigkeit vor. Auch hier sind in Zukunft Daten für andere Systeme zu erwarten[35].

In Tabelle 2 sind Ergebnisse unserer Anpassung zusammengestellt. Aufgeführt sind für die verschiedenen Kombinationen der Streupartner die ε- und r_m-Werte. Die Formparameter sind aus den oben diskutierten Gründen bei den für K-Ar und Na-Kr richtigen Werten festgehalten. Als Schätzwerte für die Fehler der Parameter

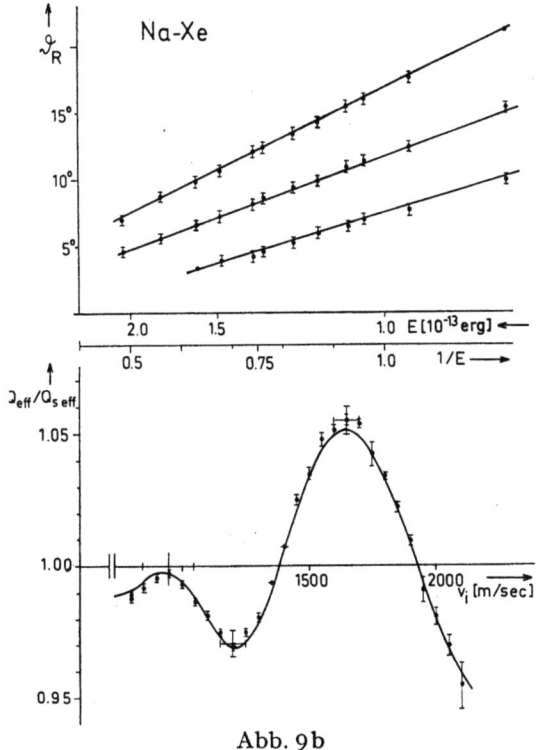

Abb. 9b

Γ_0 und γ_0 übernehmen wir diejenigen der K-Ar-Modellrechnung. Die Fehler für ε und r_m sind für jedes Stoßpaar individuell mit Hilfe der Fehlerellipse in der ε, r_m-Ebene bestimmt worden.

Um eine anschauliche Vorstellung von der erreichten Übereinstimmung der modellmäßig berechneten mit den experimentellen Daten zu geben, haben wir in Abb. 9 eine Zusammenstellung für die Systeme K-Ar und Na-Xe wiedergegeben.

5. Diskussion
5.1. Diskussion der Methode

Die Messungen an den Alkali-Edelgassystemen zeichnen sich dadurch aus, daß die einzelnen Messungen sehr verschiedene Typen von Meßdaten liefern, die mit sehr ungleichen Fehlern belastet sind, die jedoch zusammengenommen das Potential sehr genau bestimmen. In dieser Situation erscheint ein objektives Verfahren, die Güte eines Parametersatzes zu bestimmen, der üblichen Methode des Vergleiches von Kurven nach Augenmaß, unbedingt überlegen zu sein.

Mit den Augen strenger Statistik betrachtet, ist unser Verfahren allerdings ein durchaus noch verbesserungsbedürftiger Kompromiß zwischen dem Bestreben, saubere Statistik zu betreiben, und der Begrenzung durch den Aufwand an Rechenzeit.

In den folgenden Punkten erscheinen uns grundsätzlich Verbesserungen möglich (aber nur teilweise praktikabel):

1. Impraktikabel erscheint uns die Verwendung aller einzelnen Meßpunkte in der χ^2-Summe anstelle der ,,charakteristischen Meßgrößen". Ein solches Verfahren würde verlangen, daß für jeden Meßpunkt der modellmäßige Wert ausgerechnet würde, einschließlich aller Faltungen mit den Apparatefunktionen bezüglich der Energie- und der Winkelauflösung und einschließlich der Umrechnungen vom Schwerpunkts- ins Laborsystem. Dagegen spricht a) der ungeheure Bedarf an Rechenzeit, selbst bei ausgiebiger Benutzung von Interpolationsroutinen, b) die Tatsache, daß bei Verwendung gekreuzter Strahlen die Apparatefunktionen selten genau bekannt sind (Düseneffekte), c) die Notwendigkeit, dann alle schlecht bekannten Eichfaktoren (insbesondere die Dichte im Streuzentrum) als unbekannte Parameter zu betrachten, d) die Unkenntnis der Korrelation benachbarter, zeitlich folgender Meßpunkte. (Diese ist für zwei ,,charakteristische Meßwerte" sicher kleiner.) Allenfalls bei den relativen totalen Streuquerschnitten, wo die Argumente b) und c) wegfallen, könnte ein solches Verfahren benutzbar sein.

2. Die Fehler ΔM_i der charakteristischen Meßgrößen wurden bei uns nur geschätzt, man könnte sie aus benachbarten Meßpunkten (und der Kenntnis systematischer Fehlermöglichkeiten) berechnen. Tabelle 2 zeigt, daß unsere Fehlerschätzung offenbar zu große Fehler ergab, da χ^2 *stets* kleiner als sein Erwartungswert ausfiel. In den drei Fällen, wo Undulationen und Regenbögen ausgewertet wurden, beträgt die so bestimmte Überschätzung des Fehlers etwa 50%, sie ist in Wirklichkeit wohl noch etwas größer, da ein noch flexiblerer Potentialansatz χ^2 wohl noch etwas erniedrigen würde.

3. Wir haben — wiederum um Rechenzeit zu sparen — die Formparameter des Potentials (Γ_i, γ_i, x_1) nicht jedesmal mit variiert. Die gewonnene Einsicht in die Zusammenhänge zwischen Potential und Querschnitten läßt uns vermuten, daß die Änderungen 10% der Parameter nicht überschreiten würden. Im Zusammenhang damit ist die Fehlerbetrachtung unvollständig, d.h. die in Abb. 8 gezeigten Fehlerellipsen wären durch eine Beschreibung mindestens des 4-dimensionalen Fehlerellipsoids (für ε, r_m, Γ_0, γ_0) zu ergänzen.

Wir glauben, daß bei den vorliegenden Meßwerten und im Rahmen der Restfehler, die durch die nicht voll ausreichende Flexibilität des Potentialansatzes (s. unten) bleiben, alle drei aufgezählten Maßnahmen am Ergebnis nichts Wesentliches ändern werden.

5.2. Diskussion der Ergebnisse

Wie Abb. 9 für K-Ar und Na-Xe zeigt — für die übrigen genannten Stoßpartner gilt das gleiche —, ist die Übereinstimmung zwischen experimentellen und theoretischen Werten als befriedigend anzusehen. Durch die Verwendung aller verfügbaren Meßwerte sind damit die Aussagen über das Potential im Rahmen der Meßgenauigkeit praktisch erschöpft.

Wie genau die Aussage innerhalb eines flexiblen Potentialmodells sein kann, zeigt Abb. 10. Die ausgezeichnete Kurve ist das (12—6)-Potential. Die Verbreiterung dieses Potentials im Minimum, die bereits eine gute Anpassung des größten Teils der experimentellen Daten ermöglicht, ist deutlich sichtbar. Die weitere Modifikation außerhalb des Minimums ist nur geringfügig, verbessert aber die Anpassung der Daten merklich (vgl. Abb. 1 von [1] mit Abb. 9a). Die χ^2-Summe nimmt dabei um etwa 40% ab.

Summarisch erhält man hiermit folgende Aussagen über die nötigen Modifikationen des (12—6)-Potentials zur Anpassung der Meßwerte.

1. Die van der Waals-Konstante muß unverändert bleiben, um den Absolutwert des totalen Streuquerschnitts wiederzugeben.

2. Die Verbreiterung des Potentials im Minimum ist zur richtigen Amplitudenwiedergabe und zur Beschreibung des mittleren totalen Streuquerschnitts erforderlich. Ebenfalls verlangen die differentiellen Streuquerschnitte diese Verbreiterung, da andern-

falls Werte für ε angenommen werden müßten, die mit anderen Messungen unverträglich sind.

3. Durch diese Verbreiterung werden jedoch Potentialgebiete erfaßt, die die Amplituden mit höheren Indizes bestimmen und diese entgegengesetzt zu den experimentellen Forderungen verkleinern. Daher ist eine teilweise Aufhebung der Modifikation im Minimum in Gebieten größerer Werte von x erforderlich.

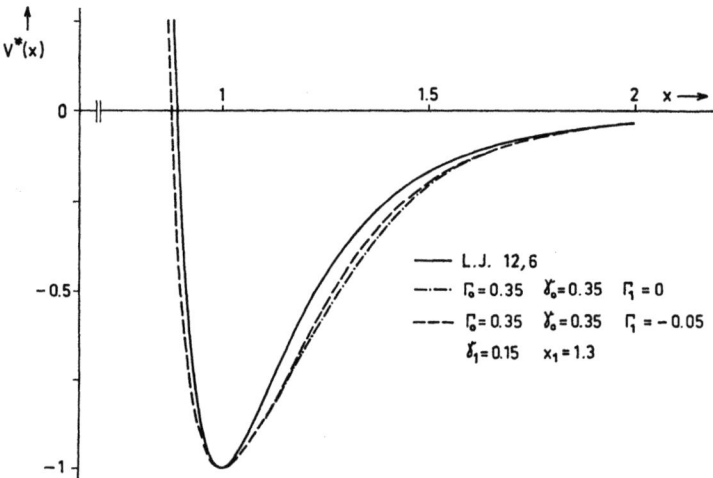

Abb. 10. Vergleich der Potentialfunktionen des (12—6)-Potentials (———), des modifizierten Potentials mit einer Modifikation im Minimum (—·—) und des besten gefundenen Potentials der Alkali-Edelgasgruppe (———)

Während der Niederschrift dieser Arbeit sind die Ergebnisse zweier anderer Arbeiten zum gleichen Thema, nämlich die von KRÄMER[11] sowie die von BUCK und PAULY[10] zugänglich geworden. Daher ist ein Vergleich der Ergebnisse verschiedener Potentialmodelle möglich. Die Abb. 11a und b zeigen die verschiedenen Potentiale in absoluten Einheiten.

In Abb. 11a (K-Ar) ist das Potential aus [10] weggelassen, da dieses ohne Berücksichtigung der Regenbogenmessungen gewonnen wurde. Die beiden gezeichneten Potentiale stimmen gut überein: Die Fehlerellipsen beider Anpassungen im Punkt $(-\varepsilon, r_m)$ würden sich reichlich überlappen. Die Unterschiede im Repulsivteil des Potentials sind nicht signifikant, da die Messungen darauf nicht ansprechen (s. unten). In Abb. 11b weicht das erste in [10] angegebene Potential, das einem zu wenig flexiblen Ansatz entspricht, im

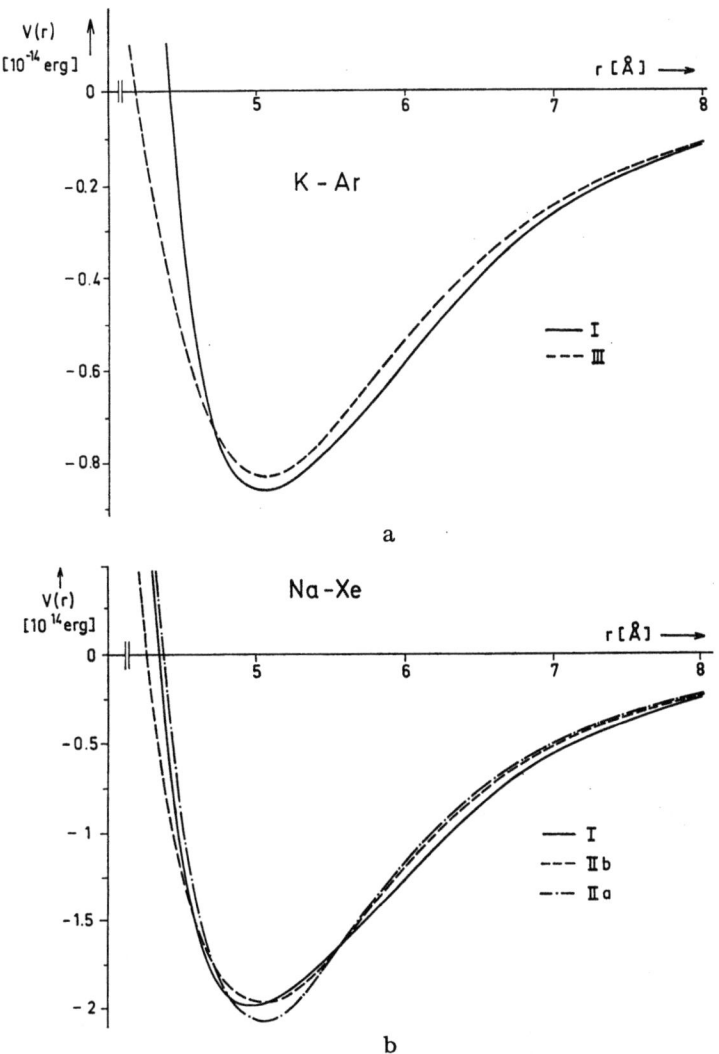

Abb. 11 a u. b. Die Potentiale für K-Ar (a) und Na-Xe (b) nach KRÄMER[11] (Kurve III), nach BUCK und PAULY[10] (Kurve IIa bzw. IIb) und dieser Arbeit (Kurve I)

Minimum merklich ab, für das zweite dürften sich die Fehlerellipsen überlappen*.

Betrachtet man die Systematik der Kernabstände und Potentialtiefen (Tabelle 3), so zeigt sich die erwartete Reihenfolge: größeres

* Fehler sind in [10] leider nicht angegeben; man beachte dort auch den dritten Wert von r_m, der nur aus den schnellen Oszillationen gewonnen wurde und unserem Wert sehr nahekommt.

Atom → größerer Abstand bis auf wenige Ausnahmen. Ein Teil davon dürfte auf Fehler zurückgehen, wie der Vergleich verschiedener Autoren zeigt, z.B. K-Ar, Wert II. Möglicherweise reell scheint uns das Absinken von r_m beim Übergang Ar→Kr zu sein, das in 5 von 6 Fällen angegeben wird. Daß die Atomradien* weiter anwachsen, bedeutet kein strenges Argument dagegen, da die Lage des Potentialminimums von einem delikaten Gleichgewicht

Tabelle 3. *Werte verschiedener Autoren (I: diese Arbeit, II: s.[10], erstes Potential, III: s.[11] für r_m (in Å, obere Zahl) und ε (in 10^{-14} erg, untere Zahl). Die unter Berücksichtigung von Undulationen und Rogenbogenmessungen gewonnenen Werte sind kursiv gesetzt*

	Ar			Kr			Xe		
	I	II	III	I	II	III	I	II	III
Li		4,95		4,65	4,87			4,90	
		0,85		1,27	1,37			2,11	
Na	4,80	5,01		4,73	4,96		4,91	5,06	
	0,82	0,89		1,37	1,39		1,99	2,08	
K	5,05	5,34	5,05	4,84	5,24	5,36		5,25	5,20
	0,86	0,84	0,83	1,45	1,42	1,36		2,20	2,04

zwischen Anziehungs- und Abstoßungskräften abhängt. Demgemäß wird auch die in [9] angegebene Faustformel

$$r_m = r_a + r_b + 2,0 \text{ Å}$$

durch die Daten nur sehr grob erfüllt**. Bei vorherrschender Ionenbindung sind derartige Gleichungen genauer, wie die Kernabstände der Alkalihalogenide zeigen, doch handelt es sich dort bei der Abstoßung um abgeschlossene Schalen und bei der Anziehung um zwei entgegengesetzte Ladungen.

5.3. Diskussion der Potentialform

Die wesentliche Frage, die hier zu stellen ist, ist die nach der *Eindeutigkeit* der bestimmten Form des Potentials. Eine Teilantwort geben Abb. 11a und b, die zeigen, daß bei genügend flexiblen

---
* z.B. so bestimmt, daß $|\psi(r_a)|^2$ = max für das äußerste Elektronenorbital. Vgl.[9], Abschn. VII, 3.
** Am besten passen noch die Atomradien von SLATER[36]. Die neuerdings publizierten $\sqrt{\overline{r^2}}$ von MANN[37] bedeuten keine bessere Alternative.

[36] SLATER, J. C.: J. Chem. Phys. **41**, 3199 (1964).
[37] MANN, J. B.: J. Chem. Phys. **46**, 1646 (1967).

Potentialansätzen die bestimmten Potentiale innerhalb der Fehler von einigen Prozent übereinstimmen. Wir zählen im folgenden einige Bereiche auf, über die im Gegensatz zum gerade Gesagten keine genaueren Auskünfte möglich sind:

a) Der abstoßende Teil des Potentials für $x \lesssim 0{,}9\, r_m$ geht in die Messungen sehr schwach ein, sofern er nur eine gewisse minimale Steilheit besitzt. Das ist die Erklärung für die Differenzen in Abb. 11a, wo die Kurve I einen x^{-12}-Term, die Kurve III einen $\exp(-7x)$-Term enthält. Wir haben in Testrechnungen, bei denen die erste Potentialmodifikation (Γ_0, γ_0) nur für $x>1$ bzw. $x<1$ angebracht wurde, gesehen, daß die Beeinflussung von Undulationen und Regenbögen bei linksseitiger Modifikation etwa eine Größenordnung kleiner ist als bei gleicher rechtsseitiger Modifikation. Genaue Auskunft über den abstoßenden Ast des Potentials können nur Experimente bei hohen Energien oder solche bei $\vartheta \sim 180°$ liefern.

b) Unsicher ist auch der asymptotische Verlauf des Potentials für große x. Das steht im Gegensatz zu der oft gehörten Meinung, daß ein mittlerer Verlauf des totalen Streuquerschnitts $Q(v) \sim v^{-2/(s-1)}$ auf einen asymptotischen Potentialverlauf wie x^{-s} zu schließen erlaube. Abb. 2, die mit dem Potential (2.2) gerechnet ist, das zweifellos asymptotisch wie r^{-6} abfällt, zeigt, daß $\bar{Q}(v)/v^{\frac{2}{5}}$ hier keineswegs konstant ist. Wir sind aus unseren Rechnungen zu dem Schluß gekommen, daß alle bisherigen Messungen, wenn man genügend flexible Potentiale zuläßt, den „asymptotischen" Exponenten auf nicht besser als $s=6\pm 1$ eingrenzen.

Wir haben „asymptotisch" in Anführungszeichen gesetzt, denn es kann gezeigt werden, daß der x-Bereich über den der *mittlere* Querschnittsverlauf Auskunft gibt, überhaupt sehr eingeschränkt ist:

Nimmt man an, die Messung von $\bar{Q}$ bei $D=5$ (d.h. etwa im Maximum $N=1$) sei exakt möglich, d.h. man könne wirklich die Undulationen „abseparieren", dann zeigt Gl. (2.10), daß dieser mittlere Querschnitt zu Stoßparametern und damit zu Potentialgebieten β bzw. $x \gtrsim 1{,}5$ gehört.

Andererseits ergibt sich aus der Meßgenauigkeit, die derzeit bei etwa $1^0/_{00}$ (relativ) liegen dürfte, eine obere Grenze für den der Messung überhaupt zugänglichen Abstandsbereich. Es zeigt sich, daß alle Streuphasen mit

$$\beta > \beta^{**} \approx 1{,}85\, D^{\frac{1}{5}} \tag{5.1}$$

zusammengenommen weniger als $1^0/_{00}$ zum totalen Streuquerschnitt (oder zum differentiellen bei kleinen Winkeln) beitragen. Im günstigsten Fall (kleine Geschwindigkeiten, großes $\varepsilon \cdot r_m$) kann man bei den hier betrachteten Systemen bis $D \sim 20$ messen, was ein $\beta^{**} \approx 3$ ergibt. Die Grenzen innerhalb derer die Potentiale *überhaupt als gemessen betrachtet werden können*, liegen also bei

$$0{,}9 \lesssim x \lesssim 2 \ldots 3. \tag{5.2}$$

c) Da unsere Rechnungen nach dem oben Gesagten zeigen, daß der asymptotische Potentialexponent s nicht aus den Messungen bestimmt werden kann, können wir uns auch der Meinung nicht anschließen, die Abweichungen des mittleren Verhaltens von $Q(v)$ von der $v^{-\frac{2}{5}}$-Form seien als Beweis für die Existenz eines Anteils $C_8 \cdot r^{-8}$ im Potential anzusehen[15,11]. Denn das Potential (2.1) enthält keinen solchen Term und stellt die Meßdaten ebensogut dar, wie das in [11] benutzte.

Wir stellen uns vielmehr auf den Standpunkt, daß man die asymptotische Form $C_6 \cdot r^{-6}$ als von der Theorie genügend gesichert bei der Auswertung *voraussetzen* sollte. Dasselbe ist mit dem zweiten Term $C_8 \cdot r^{-8}$ zu tun, sobald es klar ist, daß der Gültigkeitsbereich dieses Terms in den Meßbereich fällt*. Das ist nun offenbar der Fall, wenn man die von DAVISON[39] berechneten Werte von C_8 zugrundelegt, die zur Folge haben, daß $C_8/C_6 \cdot r_m^2 \approx 1$ gilt. Wir halten es unter dieser Voraussetzung für das beste, den theoretischen Term $C_8 \cdot r^{-8}$ mit in den Potentialansatz zu nehmen, wenn zukünftig nochmals Rechnungen gemacht werden. Wahrscheinlich wird dies nur kleine Änderungen am bestimmten Potential zur Folge haben.

5.4. Korrespondierende Zustände, Virialkoeffizienten

Der Übergang von einem zweiparametrigen zu einem vier- bis siebenparametrigen Potential bedeutet gleichzeitig eine Verletzung des „Prinzips der korrespondierenden Zustände". Dessen Gültigkeit für Systeme mit kugelsymmetrischem Potential war bisher im

---

* Es sei daran erinnert, daß die Reihenentwicklung der Dispersionsenergie divergent ist, und daß ein Term $C_n \cdot r^{-n}$ dieser Reihe nur dann einen modellmäßigen Sinn hat, wenn r so groß ist, daß $|C_n \cdot r^{-n}| < |C_{n-1} \cdot r^{-(n-1)}|$ usw., vgl. [38].

[38] DALGARNO, A., and J. T. LEWIS: Proc. Phys. Soc. (London) A 69, 57 (1956).
[39] DAVISON, W. D.: Proc. Phys. Soc. (London) Ser. 2, B 1, 139 (1968).

wesentlichen bestätigt worden[40], vgl. aber [42]. Sie bliebe bestehen, wenn für alle Systeme die Formparameter — in unserem Falle Γ_i, γ_i, x_1 — den gleichen Wert behielten.

Die Tatsache, daß sich alle untersuchten Alkali-Edelgassysteme durch Potentiale mit gleichen Formparametern darstellen lassen, zeigt, daß offenbar *innerhalb* dieser chemischen Gruppe das Prinzip der korrespondierenden Zustände im Rahmen der Meßgenauigkeit als erfüllt angesehen werden kann.

Für einen Vergleich mit chemisch andersartigen Systemen kommen wegen des Mangels an Daten einzig die Edelgas-Edelgaspaare in Frage. Dort fehlen zwar genaue Streuquerschnitte, dafür sind jedoch die Virialkoeffizienten und die Transportkoeffizienten sehr genau untersucht. Eine Auswertung der zweiten Virialkoeffizienten und verschiedener Transportkoeffizienten für die reinen Edelgase Ne bis Xe mittels eines vierparametrigen* Potentials wurde von MUNN und SMITH[41, 42] durchgeführt. Die Gültigkeit des Prinzips der korrespondierenden Zustände innerhalb der betrachteten Gruppe wurde dabei vorausgesetzt und ist mit den Meßwerten einigermaßen konsistent. Eine Potentialbestimmung für He-He wurde in neuerer Zeit von BRUCH und MCGEE[43] durchgeführt. Die Form dieses Potentials ist der von MUNN und SMITH für Ne bis Xe gefundenen sehr ähnlich (vgl. Abb. 12). Beide weichen in ihrer Form von dem (12—6)-Potential dadurch ab, daß der Potentialtopf *spitzer* ist als jener. Demgegenüber finden wir, daß für die Alkali-Edelgassysteme das Potential *flacher* ist. Es dürfte hier ein erster Beweis dafür liegen, daß die Potentiale chemisch verschiedenartiger Systeme sich in ihrer Form unterscheiden, und daß das Prinzip der korrespondierenden Zustände mit hoher Genauigkeit nur innerhalb chemisch gleichartiger Systeme gilt.

Die Abb. 12 zeigt die beiden obengenannten für die Edelgase bestimmten Potentialformen, das (12—6)-Potential und die für Alkali-Edelgas von uns bestimmte Potentialform, und zwar auf gemeinsame Werte von ε und r_m bezogen**. Die Edelgaspotentiale

---

* Das Potential hat 6 Parameter, von denen jedoch nur 4 variiert werden.

** Einen Vergleich, der sich auf gleiche Boyle-Daten bezieht wie in Abb. 5 von [42], halten wir nicht für sinnvoll, solange diese Daten nur schlecht meßbar sind. Wir teilen jedoch im Anhang einige Rechnungen von Virialdaten zum Potential (2.2) mit.

[40] HIRSCHFELDER, J. O., C. F. CURTIS, and R. B. BIRD: Molecular theory of gases and liquids. New York: John Wiley & Sons 1964.
[41] MUNN, R. J.: J. Chem. Phys. 40, 1439 (1964).
[42] MUNN, R. J., and F. J. SMITH: J. Chem. Phys. 43, 3998 (1965).
[43] BRUCH, W., and J. MCGEE: J. Chem. Phys. 46, 2959 (1967).

lassen sich mit einer Genauigkeit, die weit besser ist als die experimentelle Bestimmung der Parameter, auch durch unseren Potentialansatz (2.1) darstellen. Man findet die Parameter $\Gamma_0 = -0{,}2$, $\gamma_0 = 0{,}28$, $x_1 = 1{,}35$, $\Gamma_1 = -0{,}066$, $\gamma_1 = 0{,}4$.

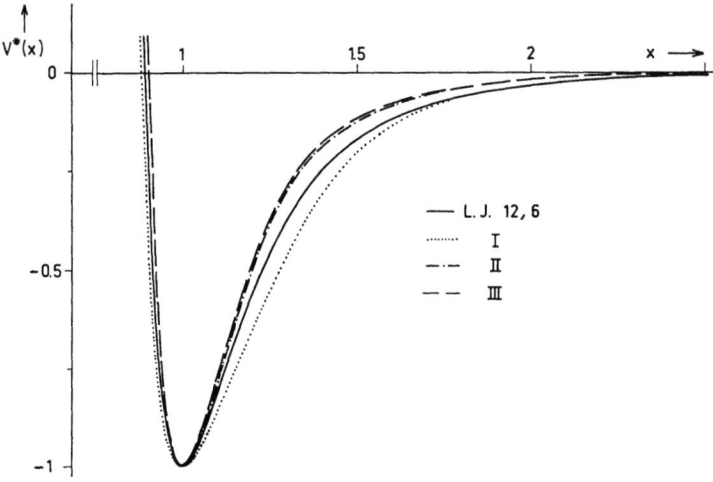

Abb. 12. Reduzierte Potentiale für chemisch verschiedenartige Systeme im Vergleich zum (12—6)-Potential: Alkali-Edelgase (Kurve I), He-He nach [43] (Kurve II) und schwere Edelgase nach [42] (Kurve III)

6. Danksagungen

Die hier vorgelegte Arbeit wäre nicht zustandegekommen ohne die Diskussionen mit D. BECK, FR. v. BUSCH und H. PAULY. Wir danken D. BECK und R. KRÄMER für die Erlaubnis, bisher unpublizierte Daten von K-Ar mit zur Auswertung benutzen zu können, ebenso H. PAULY für die Zurverfügungstellung von Originaldaten über Na-Kr und Na-Xe. Für die Herstellung von Programmen und Zeichnungen danken wir Fräulein L. FALCK.

Die Rechnungen wurden auf der IBM 7090 des Deutschen Rechenzentrums Darmstadt und (größtenteils) auf der IBM 7040 des Rechenzentrums der Universität Freiburg durchgeführt.

Zuletzt (aber nicht am wenigsten) danken wir der Deutschen Forschungsgemeinschaft für die Unterstützung unserer Arbeit.

Anhang

Der 2. Virialkoeffizient für das modifizierte Potential

Um Vergleiche mit Systemen anstellen zu können, für die keine Streudaten, wohl aber Virialdaten existieren, wurde $B(T)$ durch numerische Integration für das einfach modifizierte Potential (2.2) bestimmt. Zur Einsparung von Rechenzeit wurde auf eine Bestimmung von Stoßintegralen vorläufig verzichtet.

Zur Darstellung normiert man zweckmäßigerweise nicht nur auf die Einheiten $T^* = kT/\varepsilon$ und $B^* = B \left/ \left(\dfrac{2\pi}{3} N r_m^3\right)\right.$, sondern auch noch auf die durch $B(T_B) = 0$ definierten Boyle-Temperatur T_B und auf das durch $V_B = T(dB/dT)_{T=T_B}$ definierte Boyle-Volumen[41]. Man benutzt also

$$\widetilde{T} = T/T_B = T^*/T_B^*, \qquad (A.1)$$
$$\widetilde{B} = B/V_B = B^*/V_B^* \qquad (A.2)$$

und hat dann $\widetilde{B}(\widetilde{T})$ zu tabellieren. Außerdem muß T_B^* und V_B^* als Funktion der Formparameter des Potentials angegeben werden.

Tabelle A.1. T_B^* *(obere Zeile) und* V_B^* *(untere Zeile) für das Potential (2.2)*

γ	Γ				
	$-0,6$	$-0,3$	$0,0$	$0,3$	$0,6$
0,0	3,42	3,42	3,42	3,42	3,42
	0,811	0,811	0,811	0,811	0,811
0,2	3,01	3,20	3,42	3,66	3,94
	0,864	0,838	0,811	0,784	0,758
0,4	2,30	2,82	3,42	4,14	5,07
	0,945	0,875	0,811	0,746	0,676

Tabelle A.2. *Relative Werte von* $\widetilde{B}/\widetilde{B}_{12-6}$ *für* $\widetilde{T} = 0,2$ *(obere Zeile) und* $\widetilde{T} = 5$ *(untere Zeile) für das Potential (2.2)*

γ	Γ				
	$-0,6$	$-0,3$	$0,0$	$0,3$	$0,6$
0,0	1,000	1,000	1,000	1,000	1,000
0,2	1,022	1,010	1,000	0,988	0,976
	0,9936	0,9949		1,0046	1,0105
0,4	1,207	1,072	1,000	0,954	0,921
	0,9909	0,9976		1,0014	1,0082

Letzteres zeigt Tabelle A.1 für einige Paare Γ_0, γ_0. Auf die Tabellierung von $\widetilde{B}(\widetilde{T})$ wurde verzichtet, da die Abweichungen von der „Normalkurve" des (12—6)-Potentials gering sind: als Beispiele sind die Werte bei $\widetilde{T} = 0,2$ und 5,0 in Tabelle A.2 angegeben, und zwar relativ zu den Werten des (12—6)-Potentials $\widetilde{B}(0,2) = -6,058$, $\widetilde{B}(5) = 0,6403$.

Man sieht, daß die Abweichungen für hohe $\widetilde{T}$ (dort, wo der Virialkoeffizient im wesentlichen vom repulsiven Teil des Potentials bestimmt wird) in Übereinstimmung mit der Erwartung minimal sind, während für kleine $\widetilde{T}$ die Verbreiterung des Potentialtopfes eine Erhöhung von $\widetilde{B}$ bewirkt*.

---

* Es ist zu beachten, daß dies für $\widetilde{B}(\widetilde{T})$ gilt, nicht jedoch für $B(T)$, welches sich wesentlich stärker verändert, außerdem in umgekehrter Richtung.

Inhalt des Jahrgangs 1953/55:

1. Y. REENPÄÄ. Über die Struktur der Sinnesmannigfaltigkeit und der Reizbegriffe. DM 3.50.
2. A. SEYBOLD. Untersuchungen über den Farbwechsel von Blumenblättern, Früchten und Samenschalen. DM 13.90.
3. K. FREUDENBERG und G. SCHUHMACHER. Die Ultraviolett-Absorptionsspektren von künstlichem und natürlichem Lignin sowie von Modellverbindungen. DM 7.20.
4. W. ROELCKE. Über die Wellengleichung bei Grenzkreisgruppen erster Art. DM 24.30.

Inhalt des Jahrgangs 1956/57:

1. E. RODENWALDT. Die Gesundheitsgesetzgebung der Magistrato della sanità Venedigs 1486—1550. DM 13.—.
2. H. REZNIK. Untersuchungen über die physiologische Bedeutung der chymochromen Farbstoffe. DM 16.80.
3. G. HIERONYMI. Über den altersbedingten Formwandel elastischer und muskulärer Arterien. DM 23.—.
4. Symposium über Probleme der Spektralphotometrie. Herausgegeben von H. KIENLE. DM 14.60.

Inhalt des Jahrgangs 1958:

1. W. RAUH. Beitrag zur Kenntnis der peruanischen Kakteenvegetation. DM 113.40.
2. W. KUHN. Erzeugung mechanischer aus chemischer Energie durch homogene sowie durch quergestreifte synthetische Fäden. DM 2.90.

Inhalt des Jahrgangs 1959:

1. W. RAUH und H. FALK. Stylites E. Amstutz, eine neue Isoëtacee aus den Hochanden Perus. 1. Teil. DM 23.40.
2. W. RAUH und H. FALK. Stylites E. Amstutz, eine neue Isoëtacee aus den Hochanden Perus. 2. Teil. DM 33.—.
3. H. A. WEIDENMÜLLER. Eine allgemeine Formulierung der Theorie der Oberflächenreaktionen mit Anwendung auf die Winkelverteilung bei Strippingreaktionen. DM 6.30.
4. M. EHLICH und M. MÜLLER. Über die Differentialgleichungen der bimolekularen Reaktion 2. Ordnung. DM 11.40.
5. Vorträge und Diskussionen beim Kolloquium über Bildwandler und Bildspeicherröhren. Herausgegeben von H. SIEDENTOPF. DM 16.20.
6. H. J. MANG. Zur Theorie des α-Zerfalls. DM 10.—.

Inhalt des Jahrgangs 1960/61:

1. R. BERGER. Über verschiedene Differentenbegriffe. DM 8.40.
2. P. SWINGS. Problems of Astronomical Spectroscopy. DM 3.50.
3. H. KOPFERMANN. Über optisches Pumpen an Gasen. DM 5.80.
4. F. KASCH. Projektive Frobenius-Erweiterungen. DM 6.—.
5. J. PETZOLD. Theorie des Mößbauer-Effektes. DM 13.80.
6. O. RENNER†. William Bateson und Carl Correns. DM 4.—.
7. W. RAUH. Weitere Untersuchungen an Didiereaceen. 1. Teil. DM 43.80.

MIX
Papier aus verantwortungsvollen Quellen
Paper from responsible sources
FSC® C105338

If you have any concerns about our products,
you can contact us on
ProductSafety@springernature.com

In case Publisher is established outside the EU,
the EU authorized representative is:
**Springer Nature Customer Service Center GmbH
Europaplatz 3, 69115 Heidelberg, Germany**

Printed by Libri Plureos GmbH
in Hamburg, Germany